如何造就一座伟大的城市

城市公共空间营造

［美］亚历山大·加文 著

胡一可 于 博 苑馨宇 译

秦颖源 校

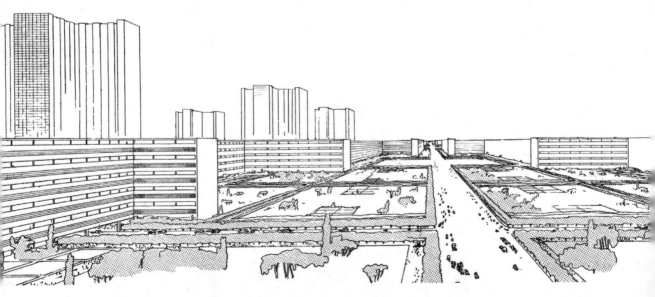

江苏凤凰科学技术出版社

南 京

芝加哥湖岸（2008 年）
（亚历山大·加文·摄）

前 言

如何造就一座伟大的城市

多年前，一位朋友问我："如何造就一座伟大的城市？"尽管我从事城市研究工作已经半个多世纪，但仍不能立即给出答案。那天晚上，我反复地思考：朋友所提问题中的"城市"并非不错的城市、功能性城市，而是"伟大"的城市，即备受城市居民赞美且供其他城市效仿、学习的城市。我想到了在芝加哥湖岸，映衬着办公楼和公寓大厦，数以千计的人在沙滩上沐浴着阳光。我回忆起第一次在巴黎香榭丽舍大道漫步时的情景，甚至重读了 F · 斯科特 · 菲茨杰拉德（F. Scott Fitzgerald）撰写的文章《我失落的城市》，在文章中他描述道："曼哈顿的天际线是一条冲向纽约下游的白色冰川，就像一座连接城郊的桥梁。"[1]然而，如何造就一座伟大的城市？我还是无法给出确切的答案。

最初，人们为何来到一座城市？正所谓"有多少位城市居民，便有多少种原因"，答案五花八门：工作、学习、做生意、购物、观光，或者开始一段全新的生活。一方面，人们来城市里逛商场、上大学、住酒店、查阅书籍、治病就医、参观博物馆、观看演出、游览观光等；另一方面，城市为人们提供各式各样有趣、有意义的目的地，以便满足人们不同的需求。

一座"伟大"的城市必须交通便利、安全、友好，应配备一系列正常运行、状态良好的设施设备，开放包容，满足大家的物质和精神需求；最重要的是，它能够创造有利条件，帮助人们实现梦想。这些无疑是"伟大"城市的特点。尽管如此，还是没有回答这个问题：如何造就一座伟大的城市？

作为耶鲁大学城市规划与管理专业的教授，我一直关注世界上的大型市政中心，并且撰写相关的文章。然而，那个晚上，甚至之后的两三天，我对朋友提出的这个看似简单的问题还是无法给出一个令人满意的答案，这令我倍感困扰。

于是，一个想法在我的脑海中萌生了：何不在接下来一年左右的时间里参观一些著名的城市，以便回答这个至关重要且难以捉摸的问题？我曾经前往欧洲大多数国家和美国的主要城市，但并非为了回答这个"特别"的问题。这一次，带着这个问题，我开始了一场城市探访之旅。首先，我来到巴黎。巴黎是我非常熟悉的城市，我曾经作为一名年轻的建筑师在那里工作。我认为，几个世纪以来，巴黎已确立了成熟的城市设计和管理标准。其次，我再次前往美国城市波特兰（俄勒冈州）和明尼阿波利斯等地，在专业人士的眼中，这几个城市的城市规划是非常优秀的。同时，我到访了那些"负面城市"，比如休斯敦和亚特兰大，这两个城市的城市规划被专家批判为"非常糟糕"。此外，我在马德里待了一段时间，在过去几年中，马德里成功地从混乱的城市状态中摆脱出来，一跃发展为欧洲运转良好的城市之一。最后，我重新对纽约进行了一番"审视"，这里一直是我的家，我曾经就职于五个职能各异的城市管理部门。

我决定不前往北美和欧洲之外的城市，这出于三个原因。第一，近半个世纪以来，我始终遵循一个原则：对于那些自己没去过的地方，既不发表评论，也不撰写文章。第二，我没有时间去深入了解非洲、中东或南亚的文化。第三，我虽然去过东亚的一些城市以及土耳其、澳大利亚和南美洲，但对那里悠久的文化知之甚少。若想介绍这些不太熟悉的城市，需要进行深层次的理解，否则写出来的东西难免刻意、晦涩。

总之，我前往欧洲和北美的一些城市，包括专业人士眼中的"世界上伟大的城市"和备受诟病的"糟糕的城市"。在那里，我漫步街头，观察形形色色的人，参观店铺和博物馆，在街头咖啡馆就餐，研究步行街和城市居民的交通出行方式，徜徉于公园，在自行车道上骑行，和当地人聊天，呼吸当地的空气。在此过程中思考两个问题：这个城市有哪些特别之处？伟大的城市，究竟"伟大"在哪里？

接下来的两年里，我游遍了西方著名的城市，不停地思考着"这些城市为何如此著名"。本书便是我给出的答案，它既不是教科书也不是游记，而是记录了我的城市探访之旅，并且对各种体会、感想进行了总结。

如何造就一座伟大的城市？这个问题与最漂亮、最便利、管理最完善的城市无关，甚至无关乎"城市"。在我看来，这个问题聚焦于"我们应当采取哪些措施，让城市变得更加美好"。令人惊讶的是，我在西班牙毕尔巴鄂找到了答案。

我对"毕尔巴鄂效应"颇为熟悉。据当地人说，古根海姆博物馆新开了一个分馆，成功地扭转了多年以来的经济衰退，并且将毕尔巴鄂推向"世界著名城市"的行列。说实话，像毕尔巴鄂古根海姆这样的旅游景区，依靠自身力量，打造一张"世界名片"，可谓困难重重。诚然，很多城市以特殊的景点脱颖而出，比如，一提到伦敦，人们便想到圣保罗大教堂、威斯敏斯特教堂和伦敦桥；一提到自由女神像、时代广场和联合国总部，人们便想到纽约。尽管如此，我认为，将城市的"伟大"之处归功于景点，还是有些牵强。

30 年前，毕尔巴鄂的经济陷入瘫痪，这在当时备受关注，我开始注意到这个城市。1997 年，古根海姆博物馆新开了一个分馆。这座新建筑气势恢宏，出自建筑师弗兰克·盖里（Frank Gehry）之手。我对这座建筑非常感兴

毕尔巴鄂，古根海姆博物馆
（2013 年）
（亚历山大·加文 摄）

趣，于是在 2013 年，我前往毕尔巴鄂，探索当地的建筑和城市规划情况，并且想研究一下究竟是什么让这座城市变得如此著名。

毕尔巴鄂是一个热闹、繁荣的大都市。古根海姆博物馆在当地的关注度并不高，当地居民很少参观博物馆。大街上到处是商店和餐馆，公园里挤满了孩子、父母以及遛狗的人。令人惊讶的是，博物馆改善了城市生活，使毕尔巴鄂成为一个旅游胜地，吸引了游客，创造了可观的经济收益。那么，博物馆是如何参与当地生活，提高当地的经济发展水平的呢？

没过多久，我发现，博物馆本身并没有改变这座城市。毕尔巴鄂的"华丽变身"得益于环境净化、防洪、河滨重建等重大投资项目，以及公共交通系统的大规模扩展和街道、广场及公园的逐步优化。这些举措实施之后，毕尔巴鄂吸引了各方人士，其中有购物爱好者、退休后的自由旅行者、国际商界领袖、满怀好奇心的青少年、富有才华的劳动者等。

毕尔巴鄂的人口数量在 1980 年达到顶峰，即 43.3 万人。当时，肮脏的建筑物和污浊的空气令这座城市"臭名昭著"，人们都有这样的体验：锅炉遍布，

毕尔巴鄂城市更新框架
毕尔巴鄂将海运仓储和制造业从内维翁河转移至比斯开湾港口，重新开发了沿河新建的站点，并且投资创建了"互联互通"系统，其中一个站点坐落于古根海姆。（欧文·豪利特、亚历山大·加文 绘）

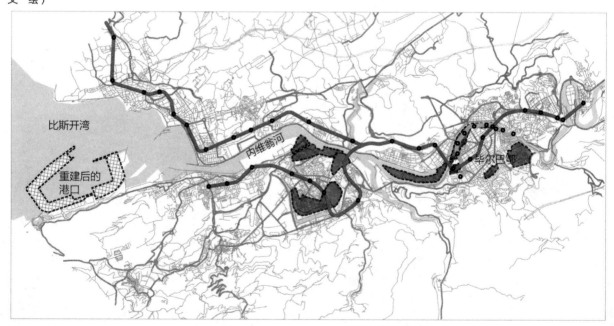

比斯开湾

重建后的港口

内维翁河

毕尔巴鄂

城市重建区　　毕尔巴鄂地铁系统
重建后的港口　　毕尔巴鄂轻轨

河流散发着恶臭且布满漂浮物。[2] 工业基地（钢铁厂、造船厂）不断减少，失业率接近 25%。在 1975 年至 1995 年，毕尔巴鄂失去了 6 万多个就业岗位，削减了一半的劳动力。[3] 随之而来的是人口外流，截至 2010 年，毕尔巴鄂的人口锐减了 8.1 万人，占总人口的 19%。[4]

1983 年 8 月 26 日，穿越毕尔巴鄂的内维翁河爆发洪水，一些地方的水平面上升了 3 米。洪水造成两座桥梁部分坍塌，导致 37 人死亡。国家和地区领导人针对这一危机采取了一系列"化不利为有利"的措施：面对洪水造成的破坏，号召公众积极行动起来，齐心协力地应对重大的经济和环境问题。[5]

之后的 8 年里，毕尔巴鄂实施了一系列城市重建工程，包括：

1　清除内维翁河的污染物。

2　沿河净化并修复大面积土地。

3　在比斯开湾河口扩建港口设施，将运输活动从河流转移至海湾，重新开发之前用于运输或制造的河滨产业。

4　加大投入，建设公共交通系统（比如地铁）；建立一个全新的地下系统，将沿河岸社区与海湾沿岸社区连接起来；重组并扩建现有的城市铁路；建立连接城镇居民区的轻轨系统；将不同的交通系统有效地连为一体。

5　打造一条长 7.5 千米的河滨长廊。

这些工程被纳入 1991 年通过的《毕尔巴鄂大都市振兴战略计划》，配合《毕尔巴鄂河口 2000 年计划》和《毕尔巴鄂大都市 2030 年计划》，由两个机构负责执行和落实。[6]

战略计划正式启动之前，政府机构决定投资建设地铁系统，整合资源并且整治那些具有深度开发潜力的场所。1988 年，英国建筑师诺曼·福斯特（Norman Foster）在地铁设计竞赛中获胜。

毕尔巴鄂, 马约尔广场 (2013 年)
城市地铁 (由建筑师诺曼·福
斯特设计) 使市区的游览观光
更加便捷, 并且降低了游客的
出行成本
(亚历山大·加文 摄)

三年之后, 福斯特开始地铁设计工作, 古根海姆艺术展在马德里雷纳索菲
亚博物馆开幕, 毕尔巴鄂银行为古根海姆博物馆在毕尔巴鄂新建的分馆提
供资金支持。接着, 毕尔巴鄂的领导人用两年时间说服古根海姆基金会选
址于内维翁河沿岸的重建区域。

这个新博物馆由美国建筑师弗兰克·盖里 (Frank Gehry) 设计, 自 1997
年对外开放, 便成为毕尔巴鄂城市复兴的标志, 毕尔巴鄂因此获得了国际
关注。盖里也因为设计了这座特殊的建筑而成为继弗兰克·劳埃德·赖特
(Frank Lloyd Wright) 之后最著名的美国建筑师。博物馆建筑引起了广
泛的社会反响, 这个无名的省级城市 (西班牙第十大城市) 变成了国际著
名的旅游胜地。因此, 该博物馆堪称毕尔巴鄂城市复兴的一大推动力。

现今, 得益于古根海姆博物馆, 毕尔巴鄂与那座深受 1983 年内维翁河洪
灾的 "糟糕的城市" 截然不同。1996 年, 博物馆开馆前一年, 16.9 万游
客来到毕尔巴鄂; 15 年后, 游客人数上升至 72.6 万人。其中, 2004 年

毕尔巴鄂，滨河长廊和轻轨
（2013 年）
得益于这条长 7.5 千米的河滨长
廊，毕尔巴鄂摆脱了昔日的重污
染和混乱的工业街区
（亚历山大·加文 摄）

毕尔巴鄂展览中心的开幕吸引了 10 万参与者。[7]1980 年至 2010 年，城
市人口数量从 43.3 万人下降至 35 万人，之后一直保持稳定。[8]1995 年至
2005 年，增加了 11.3 万个就业岗位，失业率从 25% 下降至 14%，比西
班牙全国失业率低 4%。[9] 显然，毕尔巴鄂这些年的努力是正确的，硕果累
累。然而，细细研究，我们并不能把毕尔巴鄂的城市复兴单纯地归功于"一
座新建的博物馆"。

毕尔巴鄂，埃尔西利亚大街
（2013 年）
毕尔巴鄂的街道得到了有效的改
善与美化，重新整治之后，为公
众提供便利
（亚历山大·加文 摄）

游客离开酒店，前往古根海姆博物馆，徜徉于河边，优美的滨河慢行道映入眼帘。游客或坐在长椅上休息，或散步，或慢跑，或沿着慢行道骑行。那些经过重新设计和铺装的市中心街道熙熙攘攘。在很多地方（比如埃尔西利亚大街），街道被重新美化，禁止车辆通行，将道路归还给行人。很多城市广场经过重新设计，尤其是地铁站附近的广场，如马约尔广场。公园完成了更新设计，可作为遛狗者的聚集地、孩子的游乐场、老年人的乘凉之处，每个人都可以在这里享受生活。

滨河长廊、美化街道、行人专用区、重新开放的广场和公园、轻轨和地铁线路，以及全新的公共建筑，这些是 21 世纪毕尔巴鄂城市改造的美好愿景。对人们来说，过去来到这座城市或在这里通行既困难又昂贵，而如今，城市公共空间不断完善，为人们提供了更多便利。街道、广场、公园和曾经饱受污染的滨水区被改造成通行安全、维护良好的环境友好型场所，为每一位城市居民提供便利，满足出行和观光需求。城市范围内的大规模公共空间投资让城市变得更加宜居，同时改变了城市在人们心目中的形象。现在的毕尔巴鄂是一个理想的生活居所和经营场所。很多投资者决定在这里拓展现有业务或开设全新的企业，古根海姆基金会便是其中一员。新建的公共区域（古根海姆的一部分）吸引了大量游客，这里的商业活动蓬勃发展、秩序井然。由此，毕尔巴鄂已成为西班牙最著名的城市之一。

对毕尔巴鄂的观察使我确信"人是名城之魂"。一座城市，最先吸引游客的可能是那些公共空间，但如果对城市公共空间疏于管理，久而久之，它们便失去吸引力，城市也会被游客抛弃。因此，城市公共空间需要不断变化，不定期地"焕然一新"，以便永葆吸引力。毕尔巴鄂的城市建设在这方面堪称典范：一座伟大的城市，不同于一幅绘画或一尊雕塑，并非一件精美、完整的手工制品，而应当顺应时代发展的潮流，与时俱进。

如何造就一座伟大的城市？为了回答这个问题，我决定从以下方面进行阐释：人们针对城市公共空间采取哪些积极的举措，以确保城市满足居民的各种需求，并且造福于子孙后代。本书的论述基于我的亲身体验，列举的示例是城市探索和观察研究的结果，同时引用其他作者的著作进行补充。本书讨论了著名城市的历史渊源、人口结构、政治、经济、地形、城市布局、建筑和规划等内容，同时涉及城市公共空间的规划设计和使用功能。

本书的前两章阐释了城市公共空间的准确含义及特征。第 3 至 8 章详细地描述了这些特征，以及它们何时起作用、怎样起作用或根本不起任何作用。第 9 章讨论了公共空间的组成部分（比如伦敦的广场、明尼阿波利斯的公园和马德里的街道）如何塑造人们的日常生活。最后一章介绍了巴黎、休斯敦、布鲁克林、亚特兰大和多伦多实施的"21 世纪城市规划方案"，旨在帮助城市改善、美化公共空间，助力那些已然优秀的城市公共空间"更上一层楼"。

亚历山大·加文

目　录

华盛顿国家广场（2010 年）
（亚历山大·加文　摄）

城市公共空间的重要性

毕尔巴鄂通过投资建造街道、广场、公园和基础设施，而成为一座伟大的城市。街道、广场、公园和基础设施是城市的组成部分，作为公共资源，供人们使用和分享。它们对每一位城市居民至关重要，正因如此，我们应当花费时间、金钱，并付出努力，不断地优化这些公共资源，确保它们跟上时代发展的步伐，满足城市居民的多元化需求。

城市基础设施（水系统、综合管网、公共设施和交通系统）是人居环境的重要因素。基础设施越普及、越全面，使用的人就越多。然而，基础设施是否为城市公共空间的一部分？同样地，城市街道、广场和公园的覆盖面越大，为居民提供的便利就越多。那么，城市公共空间是否包括其他内容？

城市公共空间的定义

除了交通系统（尤其是地铁），城市基础设施并非每个人都可以接触到，在这方面似乎不同于城市公共空间。城市基础设施作为公用设施的服务项目进行管理，而并非政府的收入来源。然而，与大多数城市基础设施不同，公众能够在交通网络中来去自如，就像在街道、广场和公园一样，但使用地铁、公交车、火车等运输网络时应当支付费用。因此，城市交通网络虽然不是免费的，但实际上是城市公共服务体系的一部分。

城市公共空间包括可访问且非私有领域的所有空间，比如人行道、公共长椅、照明设施、标牌、车辆所用道路以及城市街道、广场和公园内的各个部分。我在探访赫瓦尔（一个位于亚得里亚海岛上的小型克罗地亚城市）时，对城市公共空间进行了深入的理解。在此基础上，我开始研究城市公共空间对于造就一座伟大的城市起到哪些作用、具有哪些意义。

克罗地亚，赫瓦尔，人行漫步道（2015 年）
街道、公园和广场组合在一起，构成了这个
小型城市的核心
（亚历山大·加文　摄）

我沿着城市的滨海长廊漫步。一侧是类型各异、大小不同的船只，整齐地排列着；另一侧是旅馆、酒吧、咖啡馆、餐馆和纪念品商店。远处，山脚与海港相连，迷人的红屋顶石灰岩建筑掩映其间，这里是开展居民办公、家庭生活和社交活动的场所。人们在街道上来来往往，在咖啡馆聊天，会见老朋友，认识新朋友，或坐在长椅上，徜徉在海滩边，看着一条条船舶进出港口……

经过此番游历，我坚定地认为，城市公共空间不仅包括街道、广场和公园，还包括那些看起来既普通又特别的场所，比如赫瓦尔海滨长廊，它们并不是街道、广场、公园，但也是城市公共空间的重要组成部分。

街道、广场、公园

街道、广场和公园的功能各不相同。它们承载着各种各样的城市活动，互为补充，让城市公共空间变得多元化。

在这三者中，街道的主要任务是塑造城市风格。街道上遍布廊道，让行人、货物和车辆从原点移动至特定的目的地，这是街道的核心功能。此外，街道沿线可举办丰富多元的商业和娱乐活动，使城市充满活力，互联互通，满足人们的社交需求。然而，那些作为"高速公路"的道路并不完全是"公共"的，因为它们只适用于机动车辆及公路使用者，通行时需要付费。

人们走在街道上，多半是为了通行，有时会沉浸在迷人的街道风景中，漫步在街头，观看电子广告屏，享受车辆的轰鸣声。通常人们只是"取道"于街道，从此路过，前往最终的目的地。街道上的"匆匆过客"远多于"街道风景的观赏者"。尽管如此，伟大的街道依然是人们停下来购物、与朋友聚会、驻足休息或沿路停放自行车的好地方。

城市广场，与街道类似，通常可组织广泛的社交、政治和商业活动，以此吸引个人和团体，为城市公共空间的发展做出贡献。人们在不同的时间、不同的季节从城市的各个地区聚集到这些广场，参加不同类型的活动：庆祝、抗议、音乐、政治集会（如占领华尔街）、烛光晚会、儿童表演、农贸交易、演讲、街头表演、艺术展览等。然而，城市广场的主要功能是作为社会和政治中心，邀请社会各界人士的参与，帮助参与者树立社会责任感和认同感。

公园为城市居民提供了多元化的游憩场所。与街道的"取道"功能类似，人们经常"取道"于公园，前往最终的目的地。公园与广场具有相似的功能，供人们休息、活动；与之不同的是，公园的大部分空间是绿地，因此能够作为城市中的一个"绿色港湾"，营造宜居的空间氛围，促进居民的身心健康。

类似于广场、街道和公园的其他场所

有些城市公共空间不能简单地归为街道、广场和公园。比如，华盛顿国家广场、米兰的维拉里奥·埃马努埃莱二世拱廊、费城社会岭的绿道和地铁等场所，以及人们经常使用的露天、半露天商场和人行道。

虽然这些场所的功能类似于街道、广场和公园，但严格来说，它们不能归为街道、广场和公园的范畴。众所周知，它们是城市公共空间的一部分，并且与街道、广场和公园此类传统意义上的城市公共空间一样，需要安排管理人员、投入资金、定期维护。

比如，华盛顿国家广场将国会大厦与华盛顿纪念碑、林肯纪念堂和一系列令人目眩的大型博物馆聚集在一起，虽然遍布乔木、灌木、地被和人行道，但它既非街道，也非公园。它是一个"国家层面"的聚会场所，民权抗议、反战示威、大型音乐会（拥有数万名现场观众和数百万名电视观众）均在这里举行。同时，它还是美国城市公共空间的一个重要组成部分，每年举国共度的独立日、四年一度的总统就职典礼及重要事件发生时，众多市民会聚于此。

华盛顿国家广场（1993 年）
（亚历山大·加文 摄）

米兰，维拉里奥·埃马努埃莱二世拱廊（2012 年）
（亚历山大·加文　摄）

在米兰，维拉里奥·埃马努埃莱二世拱廊是一个六层高的玻璃大拱廊，公共空间呈"十"字形，包括位于拱廊下方的商店、餐馆、办公室及拱廊上方的住宅公寓。很多当地人聚集于此，进行社交活动，与华盛顿国家广场类似，它既非广场，也非街道或公园。人们穿行其间，到达米兰大教堂、斯卡拉歌剧院和其他目的地，还有人在这里游玩和休憩。[1] 然而，每一位来到米兰的游客都要参观、游览维拉里奥·埃马努埃莱二世拱廊，它对城市公共空间的贡献与公园、广场和街道一样大。

同样地，20世纪60年代，费城社会岭绿道贯穿费城的众多街区，成为城市公共空间的重要组成部分。[2] 以前，居民想要前往街区另一端的目的地，不得不沿街区走很长一段路。如今，街区被绿道分割，提供了更加便捷的路线，自建成以来，这里便成为一条"捷径"。在一些地方，绿道已成为公众聚集、儿童玩耍的理想场所，而且随处可见的绿道使邻里交流变得更加容易。

费城，圣彼得绿道（2009年）
（亚历山大·加文　摄）

伦敦，邦德街地铁站（2004 年）
（亚历山大·加文　摄）

事实上，虽然很少有人把城市交通枢纽和地铁站与公园归为同一个类别，但交通系统是城市公共空间中最容易被忽视的一部分，而交通系统（比如地铁站）的建设往往蕴藏着巨大的商机。精明的政府官员们早就认识到，支付租金的零售商店可成为一个潜在的收入来源，因为这些商店每天接待成千上万名途经中央车站等地的乘客，但很少有人充分理解以中央车站为代表的交通系统作为城市公共空间的重要性。优秀的城市公共空间可以让路人到达那里时做一些他们预想之外的事情。事实上，过境车站不一定像中央车站那样令人印象深刻，但仍然可以成为城市公共空间的重要组成部分。比如，伦敦邦德街地铁站在易于使用和移动的空间中展示、售卖商品，引导人们在出入站的途中购买商品。

让城市更伟大

最初，大城市中的公共空间可能都是不太完善的，需要几代人不间断地进行合理的管理和精准的投资，从而使城市公共空间转变为舒适便捷、充满活力、富有吸引力和发展潜力的场所。华盛顿国家广场和维拉里奥·埃马努埃莱二世拱廊自 19 世纪对外开放以来不断改善，相比之下，20 世纪至 21 世纪，费城社会岭绿道和伦敦地铁站的变化并不那么明显。总之，这四个实例充分说明，优秀的城市公共空间需要不断地改进和提升（正如下一章所述），这也是塑造伟大城市的有效手段。

巴黎，圣米歇尔大道（2014 年）
（亚历山大·加文　摄）

城市公共空间的特点

几个世纪以来，伦敦、巴黎和罗马一直是伟大的城市，但它们在建设初期并不完美。这些城市和其他繁华的当代大都会作为一种复杂的文化遗产，反映了居民、土地业主、企业、政府机构几代人的调整和努力，以及外部力量的影响。可以说，几代人共同创造了城市公共空间：

1 对公众开放。

2 人人均可使用。

3 吸引并保持市场需求。

4 提供成功的城市框架。

5 营造宜居的环境。

6 形成市民社会。

以上为城市公共空间的特点，下面各节将详细地论述每一个特点。

伟大的城市不仅取决于人们是否想要前往那里，享受那里的一切，愿意为之驻足，而且取决于能否对公共空间进行不断的改善和提升，以便造福于子孙后代。

布拉格，老城广场（2012 年）
人们来到广场，听音乐会，售卖
商品，会见朋友，在咖啡馆闲坐，
或途经这里前往其他地方
（亚历山大·加文　摄）

根据组成部分的基本用途来判断城市公共空间的类型，这种做法是错误的。
公园不仅仅是户外娱乐场所，广场不仅仅是社交场所，街道不仅仅是旅游
长廊。除了这些特定的活动，城市公共空间还可容纳其他活动，就像烹饪
并不是在厨房里进行的唯一一项活动。有些活动只能在一年中的某一天或
某个季节进行，就像在厨房里烹饪火鸡，是在感恩节前后而并非盛夏。比如，
在星期日，人们来到布拉格老城广场，参加宗教活动；在其他日子，人们
来这里观看古典音乐会；圣诞节期间，广场上有售卖商品的集市。广场并
非服务于某项特定的活动，而是为每个人所使用。

对公众开放

城市公共空间对公众开放：儿童和老年人，当地居民和游客，企业和客户，
行人、自行车、小轿车、公交车、卡车、有轨电车，狂欢者和示威者，演
员和观众等。如果不对公众开放，那么就不能称之为"公共空间"；如果
只有少数人使用它，那么也不能算作"公共空间"。

简·雅各布斯在著名的《美国大城市的死与生》一书中提到："在经济和社会方面相互支持，相得益彰，这种多元化的使用方式是最复杂的，也是联系最密切的[1]……确保在不同时间出行和因不同目的而出行的人们都能使用这些设施。[2]"当然，她所描述的对象是城市中的土地和占用土地的私人建筑物，而并非城市公共空间。这些是 20 世纪 50 年代曼哈顿西村的特点，当时简·雅各布斯住在那里。然而，经过六十年的改造，很多人习惯于居住在哈德逊街和西村其他繁华地段，不再前往西大街和其他地方，因为那里消费水平过高。

在第 3 章，相较于城市公共空间中的建筑物，我更关注城市公共空间对公众开放的决定性因素。我的观点和简·雅各布斯有些类似，即为确保多元化和共享性，城市公共空间必须具有很强的可识别性和可达性，便于使用，确保人们的安全感和舒适度，以便人们在此驻足、停留。

曼哈顿，中央公园，赫克舍
球场（2001 年）
该球场可提供功能各异的空间
（亚历山大·加文　摄）

人人均可使用

城市公共空间仅仅具有可达性是不够的。除非有事可做或有景可观，否则没有人前往那里。正如第 1 章所述，城市公共空间应当为不同的活动配备足够充裕的空间，即人们在那里游览、观赏；同时，为了保持巨大的吸引力，城市必须投入大量的人力物力，对公共空间进行维护和管理。

吸引并保持市场需求

伦敦、巴黎和罗马的城市面貌在 19 世纪、20 世纪、21 世纪发生了巨大的变迁。在 19 世纪末 20 世纪初，街道上有马、马车、马粪。到 21 世纪，城市交通以汽车为主。22 世纪，这些城市会变成什么样？我们不得而知。正如第 5 章所述，这些城市仍将是伟大的城市，因为城市公共空间在不断完善，以满足居民不断变化的需求。这便是 20 世纪明尼阿波利斯重建尼科莱特大街的原因，它的主要街道，两次专为机动车铺设，两次专为行人改造，目前在 21 世纪第二个十年中重复这一过程。虽然有人认为，重建工程仅仅纠正了过去城市规划方面的错误，但结果是城市顺应了新时代发展的潮流。如果没有这些变化，城市空间就会失去吸引力，从而失去各式各样的街道用户（步行者、自行车骑行者、机动车乘客、有轨电车乘客等）。

城市公共空间不断升级，市场需求逐渐增加。房地产开发商和附近的业主积极地建造或翻新周边建筑物，并且提升周边地区的基础设施。因此，公共空间能够促进城市的经济发展并提升城市的品质。

明尼阿波利斯，尼科莱特大街（从左至右：1922 年，1947 年，1979 年，2012 年）
重新设计城市的主要街道，以便适应城市的经济发展和城市风格的变化
（第一张和第二张由明尼苏达州历史协会提供，第三张和第四张由亚历山大·加文提供）

芝加哥湖岸（2005 年）
城市的湖岸公园提供了一个"骨
架"，周边环绕着很多建筑物
（亚历山大·加文　摄）

提供成功的城市框架

相较于其他场所，有些特殊的城市公共空间（比如滨水区）更具商业价值。那些具有远见的城市公共空间投资有助于增加市场需求，为居民谋福利。比如，芝加哥人喜欢在密歇根湖附近生活和工作。之前，芝加哥建造了约12.7平方千米的湖岸公园，吸引了大量市民在此安家。当然，房地产开发商希望在湖岸公园附近建造公寓和办公室。而巴黎房地产开发商也很乐意把办公空间和住宅建在宽阔的林荫大道上，而并非狭窄、蜿蜒的街道和光线不足的街区。第6章介绍了轴向街景、环形道路和直线网格，为业主及房地产开发商在城市中建造房屋提供了一个可参考的模式，并且论述了持续的管理对项目取得成功具有重要作用。然而，在业主和房地产开发商的眼中，该模式的哪些元素是可取的？第7章和第8章分别重点阐述了营造宜居的环境和创建市民社会在吸引人才来造就伟大的城市、造福于子孙后代方面具有至关重要的作用。

营造宜居的环境

世界环境与发展委员会在1987年提交的《我们共同的未来》报告中指出，我们应当营造宜居的环境。宜居，即满足当代城市及其居民的需求，同时不损害子孙后代追求幸福生活的权利。然而，该报告并未明确说明"当代城市及其居民的需求"涉及哪些方面，抑或城市及其居民在未来有哪些需求，以及应采取哪些措施，确保"不损害子孙后代追求幸福生活的权利"。[3]但有一点可以明确，只有将建筑与自然环境巧妙结合，才能实现这些目标。

正如第7章所述，伟大的城市公共空间具有显著的自然特征，有助于营造宜居的城市环境，特别是在人们可能逗留并欣赏自然美景的地方，可提供安全的休憩场所和优美的景观区域。从早春到晚秋，乔木、灌木、花卉和草坪吸收二氧化碳和水分，释放氧气，从空气中吸收污染物并减少噪声。夏季，充满活力且郁郁葱葱的树冠可吸收热量。冬季，树叶掉落，阳光透过树枝洒下一片片温暖。绿地可吸收雨水，可保护城市免受风暴的侵袭。

阿姆斯特丹，绅士运河（2012 年）
伟大的城市公共空间让人感到安全和舒适
（亚历山大·加文 摄）

形成市民社会

为市民社会的形成创造便利条件，是城市公共空间最复杂且最具挑战性的职能。诚然，不同类型的城市公共空间均有助于创建市民社会，但广场作为公众集会的特定场所，在这方面起到的作用不可小觑。城市公共空间是人们交往和集会的"沃土"，因此，应当对城市公共空间的不同部分（不仅仅是广场）进行合理的规划设计，以便为每个人提供免受他人干扰的活动场所。然而，规划设计并不足以防止人们相互侵犯，无论身体还是心理方面。城市公共空间的分享原则是：每个人既不侵犯他人，又能按照自己的意愿行事。这是市民社会的本质。

正如第 8 章所述，城市公共空间若想"不损害子孙后代追求幸福生活的权利"，则应确保人们能够调整和改善前人留下的公共空间。这些调整和改善不可避免地涉及市民、社会组织、企业和政府机构之间的沟通和互动，从而促进市民社会的形成。

同样地，经验证明，繁忙的街道、广场和公园经常遭受的损毁是大量使用者无意识的"正常"活动造成的。如果城市公共空间的维护和管理缺位，或者缺乏相应的资源支撑，环境恶化将不可避免。首先是环境恶化，接下来是城市公共空间被遗弃，因为人们有更好的选择。曾经被大家共享、对每个人至关重要的公共空间消失殆尽的话，通常会促使人们齐心协力，重建心目中的城市公共空间，这便是市民社会的形成过程。

本书针对城市公共空间的论述与其他著作有所不同，不仅关注实体空间设计，将金融、政治活动、历史、地形地貌和气候条件等有助于城市公共空间发展的所有因素纳入其中，更重要的是，探讨了应采取哪些措施，来完善城市公共空间的不足之处，以及如何鼓励人们在"造就伟大的城市公共空间"之路上越走越远。

伦敦，新邦德街（2013 年）
（亚历山大·加文　摄）

西班牙，萨拉曼卡，市长广场入口（2013年）
（亚历山大·加文　摄）

对公众开放

在西班牙，尽管马德里市长广场最为著名，但我更喜欢萨拉曼卡市长广场。人们从萨拉曼卡市不同的地方来到市长广场，因为该广场在可识别性、可达性、安全性等方面拥有绝对优势而且便于使用。它可以容纳不同目的、不同背景和不同需求的人们。有人将该广场作为通行路径，有人在建筑柱廊内的零售商店购物，还有像我一样的游客，徜徉其中，感受过往的场景。

中午时分，我第一次来到萨拉曼卡市长广场，沉醉其中，下午两点才离开。傍晚，我又来到这里，品尝点心和红酒，一直到深夜。第二天早上，我来此散步。与其他广场一样，人们在这里交流、闲谈，坐在长凳上，或在咖啡厅或餐厅的桌子旁聊天。

我一边品尝餐前小吃，一边欣赏窗外风景：一位位行人途经广场踏上回家之路，一群少女在广场中心附近的人行道上聊天，一群成年人坐在长椅上休息。一位骑自行车的男子从边推着婴儿车边聊天的年轻夫妇身旁飞身而过，成群的男孩儿在广场中心附近玩耍。虽然街上很热闹，但很多餐厅仍然无人问津，忽然间，五个身穿黑色西装的英俊男子，手撑黑色雨伞（尽管这个美丽的夜晚并不会下雨）吸引了大家的注意，其中一位学着吉恩·凯利（Gene Kelly）的样子，唱起了《雨中曲》。他们欢快地跳舞，雨伞一张一合，表演结束之后，还有女士们对他们表示赞赏。十分钟后，他们陆续离开了广场。

西班牙，萨拉曼卡，市长广
场（2013 年）
在不同的时间段，市长广场
上的活动各不相同
（亚历山大·加文　摄）

西班牙，萨拉曼卡，市长广场的
夜晚
（亚历山大·加文　摄）

晚上 9 点 45 分，我打算返回。月光照亮了整个广场。人群发生了一些细微的变化：人少了，孩子们离开了，婴儿车消失了。成年人聚集在酒吧和餐厅入口，而并非附近的餐桌。晚上 10 点时，悬挂的泛光灯和商店的橱窗照明设施突然点亮了整条柱廊，如此神奇。穿着紧身迷你裙和高跟鞋的年轻女性挽着身穿晚礼服的年轻男子的手臂。晚餐结束后，我四处闲逛，凝视着被照亮的纪念碑，沉浸在绚烂的夜景中。

第二天早上，环卫工人清理垃圾、清扫路面。不久，送货车辆向零售商铺供货，而咖啡厅和餐厅的工作人员开始做卫生并重新摆放桌椅。中午，人流再次涌动，市长广场遍布青少年、游客、自行车骑行者和推婴儿车的年轻父母。

我坐在市长广场的椅子上喝酒，想到了一个问题：这个广场是否对每个人开放？如前文所述，"对公众开放"是界定城市公共空间的首要因素。很显然，答案是肯定的。广场上的人形形色色：婴儿、老年人、服务员、导游，以及在萨拉曼卡的其他人士。

理论上，城市公共空间应当对所有人开放，但事实并非如此。比如，高速公路只对机动车辆及其道路所有权人开放，通行时需要付费。如第9章所述，伦敦大部分"公共"广场仅对周边建筑物的居民开放，曼哈顿下城地区的世贸中心遭到恐怖袭击之后，在各种"公共"场所安装了护柱和金属探测器，限制通行。

然而，萨拉曼卡市长广场完全没有这种限制。不同的人来到广场，无论他们的目的如何，脸上都露出了满意的笑容，这说明，他们在市长广场上的行为满足了他们的需求。因此，可得出结论：伟大的城市公共空间是人们喜欢在那里度过时间的地方。城市公共空间必须易于识别、便于访问和使用、安全且舒适。

现实生活中，萨拉曼卡的有些人很少去市长广场。他们支付不起咖啡馆中的红酒，没有钱买橱窗中展示的商品，无权进入政府办公室或购买附近的公寓。这种情况并非例外，其他城市的公共空间也屡见不鲜。满足市民的需求，促进社会公平，是城市公共空间的一个重要使命，这在下一章中会加以讨论。

可识别、可访问、易于使用

萨拉曼卡市长广场具有鲜明的特征，告诉人们"无论何时，只要你愿意，广场都张开双臂欢迎你"。该广场具有较高的可识别度，方便进入（多个入口，周边的交通四通八达，人们在广场上可四处走动），绝对安全，易于使用。这些特征并非偶然，而是几代萨拉曼卡人不断改进的结果。

西班牙，萨拉曼卡，市长广场　在历史上，萨拉曼卡的古城墙颇为有名。几个世纪以来，市长广场的位置基本保持不变。该广场具有较高的可识别度，并且在多个方向设有入口，沿着街道便可轻松地进入广场。

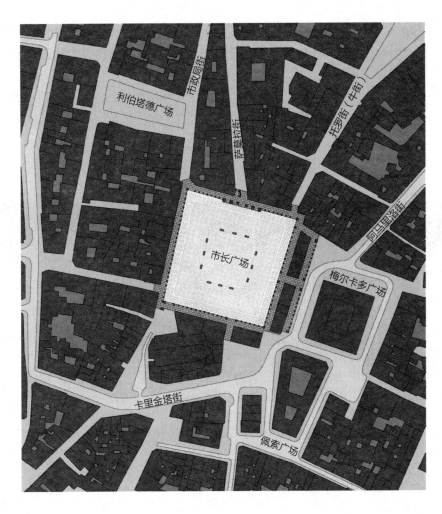

西班牙，萨拉曼卡，市长广场附近区域
（欧文·豪利特、亚历山大·加文 绘）

历史上，市长广场曾举办斗牛等特殊的活动，广场附近建筑物的租用权保持稳定：广场兼具政府办公、零售、住宅、咖啡厅及餐饮等多种功能。此外，广场中心的开放区域历经多次改造提升，规划设计日益完善。这些举措大大提升了城市的空间品质，广场可提供更加便利的服务，吸引了更多游客。这在汽车诞生之后尤为明显，汽车的通行提高了广场的可达性，货物从四面八方由货车和卡车运送到这里，又运送至其他地方，促进了当地的经济发展和商业运营。然而，最终，这里的车辆太多，以至于把步行的人"挤"了出来，导致该广场被重建。

18 世纪末，市长广场是一个用栅栏围起来的绿树成荫的开放空间，一半以上的区域设置了种植区，并且在广场中央安装了喷泉。广场周边的区域非常便于使用，为游客提供诸多便利。

20 世纪初，绿化和花卉区予以重新设计，保留喷泉。原先围合广场的栅栏区种植着成排的树木，将广场外围景观与中央景观分隔开来，在重建过程中，拆除了栅栏，人们可畅通无阻地进入中央花园。

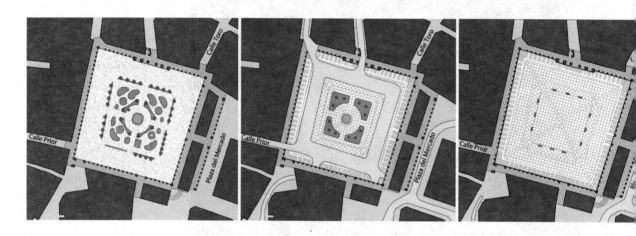

1785 年、1901 年和 1955 年萨拉曼卡市长广场的平面图
该广场上曾经设置了喷泉、花园和机动车道路，但现在只有单一的硬质铺装
（欧文·豪利特、亚历山大·加文　绘）

1901 年，中央景观区域的外围被一条宽阔的车辆通道所取代，这条车道通过拱门通往五条不同的街道。由此，该广场周边的交通状况日益恶化，广场也变得不那么舒适了，增加了人们的使用难度。

最终，城市规划部门于 1973 年做出规定，市长广场上除了服务性车辆，所有机动车禁止通行。该广场作为单一的硬质景观重新铺砌。位于广场中心的开放空间（前身为花园和中央喷泉），四边均设置三个长椅，界定了区域范围。移除树木、栅栏和其他障碍物之后，该广场的可达性和便利性大大提高了。

萨拉曼卡市长广场在城市公共空间的改造方面为其他城市树立了一个榜样：城市公共空间定期"焕然一新"，以便满足当代城市及其居民的需求，并且不损害子孙后代追求幸福生活的权利。

打造独特且易于访问、使用的城市公共空间

如果城市公共空间并不是非同寻常，没有电子显示屏和夺人眼球的海报，人们如何识别城市公共空间的特别之处？新艺术运动时期，很多著名建筑设置了入口标识，易于识别。比如芝加哥联邦中心——建筑师密斯·凡·德·罗（Mies Van der Rohe）设计的朴素建筑群（本章稍后讨论），在"建筑物识别"方面提供了值得借鉴的范例，即通过数量极少的元素，打造一个高度可识别的城市公共空间。有些城市公共空间的核心是单一且易于识别的广场，比如西班牙萨拉曼卡市长广场和意大利锡耶纳田园广场（通常称为贝壳广场，参见本章相关内容）。在锡耶纳建市之前，田园广场作为城郊山坡农民的聚集地，城市创立之后，它很快成为该地区的中心市场和政府所在地，后来随着旅游业的兴起，它成为意大利一个著名的旅游胜地。

其他城市，比如纽约、莫斯科和罗马，在城市的不同地区建造了数个重要广场。只有少数几个城市，比如萨凡纳（本章稍后讨论）、爱丁堡和伦敦（参见第9章），将广场、街道和公园作为确定该城市公共空间特征的重要参照物。

很多著名的城市街道易于识别。香榭丽舍大道是巴黎最宽阔的街道；位于华盛顿特区的宾夕法尼亚大道是全美具有重要意义的活动地点；密歇根大道是芝加哥主要零售商铺的所在地。如何将一条普通的城市街道变成一个可达性强、绝对安全和易于使用的目的地？丹佛成功地做到了这一点，使第十六街成为都市区最具可达性的街道，沿街道的临界点建造了车库，在街道主要街区的两端搭建了郊区公交总站，并且建造了连接第十六街与都市区的区域性轻轨系统。游客乘坐各个客运站之间开通的免费巴士，四处观光。街道上的车辆井然有序，整个区域的交通运行状况良好，阴凉处设置了一些桌子、椅子，甚至钢琴。这里是丹佛最具安全感的地方之一，人们纷纷来此度过闲暇时光。

很显然,芝加哥联邦中心和丹佛第十六街对公众开放。其他城市公共空间也是如此。人们愿意前往颇受欢迎的城市公共空间,并且乐于在那里消费。因此,高质量的城市公共空间,那里的游客、租户或潜在的客户非常多。这并不奇怪,即便这样的城市公共空间对所有人开放,但在香榭丽舍大道的咖啡馆喝咖啡、购买商店橱窗中展示的商品或在剧院里看电影的人,比那些只是前往那里但不愿意消费的人要多得多。巴黎香榭丽舍大道、巴黎地铁站、芝加哥联邦中心、意大利锡耶纳田园广场、萨凡纳城市广场、丹佛第十六街等都是伟大的城市公共空间,是名副其实的对所有人开放。

巴黎,地铁站　通常地铁站不具有很强的识别性,只有当地居民、工人和经常到那里的游客知道去哪里搭乘地铁,但巴黎是个例外。在这里,地铁站入口极具识别性,甚至是当地居民、工人、游客(一日游的游客和长途旅行的游客)的一个旅游景点。

巴黎地铁站(巴黎地下捷运系统)于 1900 年创建了一个强势的品牌,以时尚的新艺术风格楼梯为标志,引入了设计独特、引人注目的井架、楼梯和隧道。入口的楼梯设计非常醒目,每个人(无论巴黎当地人还是游客)都可以快速地识别地铁站入口,并且判断如何便捷地到达月台。由此,人们乘坐地铁时不会再因为"找不着地方"而感到困惑。

巴黎，地铁站（2007 年）
（亚历山大·加文　摄）

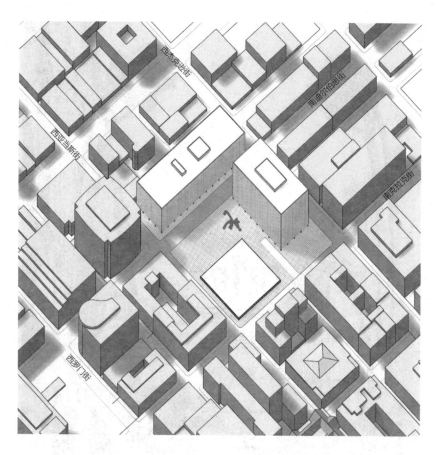

芝加哥，联邦中心
该广场由几个辅助空间组成，它们与周边建筑物紧密地交织在一起
（欧文·豪利特、亚历山大·加文　绘）

芝加哥，联邦中心　芝加哥联邦中心"隐匿"在一片朴实无华的景象中，似乎平凡无比。尽管如此，它却是芝加哥城市天际线不可或缺的一部分。询问路人，每一个芝加哥人都会告诉你如何前往联邦中心，那里的标志物是：一层楼高的邮局，前方有一座巨大的红色考尔德雕塑。

芝加哥，联邦中心（2013 年）
亚历山大·考尔德（Alexander Calder）着色的钢铁雕塑——弗拉明戈（Flamingo），为来到联邦中心的人们和途经这里而前往其他目的地的人们提供了一个显著的地标
（亚历山大·加文　摄）

芝加哥联邦中心包括三座建筑（占地面积 1.9 公顷）：两栋办公楼和一个邮局，以及一系列公共空间，它们共同组成一个广场。其中，两座建筑物位于一个城市街区内，第三座建筑物位于街区对面。白天，该地区人流密集，交通流量大。14 000 多名政府办公人员在这个 22.3 公顷的综合区域内工作，还有数千人来到这里，进行相关的业务往来。

每天，这里人来人往。有人认为，芝加哥联邦中心不能算是"广场"，但事实上，它的确是广场！有的人前往政府办公室，有的人前往邮局，有的人穿梭于三大建筑物之间，有的人前往周边的建筑物，有的人途经这里的开放空间而前往其他目的地。他们在人行道上行走，或在城市街道上驾车，考尔德雕塑为他们提供了方向。

建筑师密斯（Mies）通过广场北面和西侧由旧砖砌成的建筑街墙以及贯穿东、南两面的 20 世纪中期的玻璃建筑，将芝加哥联邦中心围合起来，从而将该区域与芝加哥其他地区紧密地结合在一起。这里的城市公共空间包括一层楼高的邮局和考尔德雕塑，以及两栋建筑物前方的街道和人行道。在新建筑的玻璃表面反射着旧建筑的轮廓，将现代化的联邦中心整合为一个伟大的城市公共空间，并且作为芝加哥市中心一个高度可识别的目的地。

芝加哥，联邦中心（2013 年）
大多数人途经该广场而前往其他目的地，而并非进入联邦中心大楼
（亚历山大·加文　摄）

锡耶纳，田园广场　意大利锡耶纳市中心的大型扇贝形公共空间始建于 13 世纪之前，当时这里还处于农耕社会。该公共空间位于三座山脊交会处山腹中心的空洞中，具有很强的可达性，每一位居民均可以轻松到达。[1]1347 年，辐射状的长形石灰条带将田园广场分成九个硬质铺砌的区域，每个区域分别代表管理这座城市并负责规划设计的九人议会所代表的不同地区。锡耶纳市政厅是一座 100 米高的塔楼，屹立在广场南边的较低点，掩映在一片公共空间之中。水流通过长渠被输送至广场北面的高点。雕塑家雅格布·德拉·奎西亚（Jacopo della Quercia）于 1409 年设计建造了盖亚喷泉。

锡耶纳，田园广场（2011 年）
（亚历山大·加文　摄）

人们来到田园广场，从喷泉取水，会见朋友，在市政厅谈生意，了解最新消息，吃饭或喝酒，参加专门的公共活动，观看体育赛事。一直以来，田园广场最著名的年度盛事是锡耶纳各地区代表之间的赛马比赛，而这一比赛直到1656 年才开始举办。每年夏季举行两次，数以千计的游客前来观看，这些代表身穿五颜六色的民族服饰，绕着广场来赛马。

田园广场位于市中心，最初因为地理条件的优势而吸引了当地居民，但更加重要的是，该广场设计独特且历史悠久，吸引了大批游客，从而成为一个旅游胜地。即便没有赛马节，平时这里也聚集着成千上万的人，其中多是来自世界各地的游客。该广场距离城市中的主要目的地均在 15 分钟的步行路程内，这里是开展各种活动的理想场所。该广场连接着八条街道，这些街道分别通往博物馆、教堂、商店、餐馆和酒店等，人们途经该广场而前往这些目的地，带动了经济发展，促进了城市繁荣。总之，田园广场备受欢迎，一方面是因为其优越的地理位置，另一方面是其为各种各样的市民活动创造了便利条件。

萨凡纳，城市广场　在萨凡纳，一个个广场直接将其与佐治亚州或南北战争前美国南部的其余城市区分开。事实上，城市广场植根于美国文化。当地人下意识地认为自己居住在麦迪逊广场或拉斐特广场旁，或者其他广场附近，而并非生活在某个社区中或某条街道上。

詹姆斯·奥格尔索普（James Oglethorpe, 1696—1785）创建了佐治亚州理事会（拥有 20 名成员），他也是萨凡纳的城市规划师。根据奥格尔索普的设计方案，萨凡纳城市广场由 24 个广场组成，每个广场的中心承担着"保卫城市"的功能，其他区域用于发展社会经济、吸引市场需求。[2] 广场被街道围合起来，与周边的八个街区分开。这八个街区分为两种形式：四个街区由服务性小径一分为二，为住宅区留出大片空地；另外四个街区用于举行宗教活动或建造公共建筑。

萨凡纳城市规划图
每个广场具有很强的可识别性，均可作为周边社区的标志，满足当地居民的需求
（欧文·豪利特、亚历山大·加文　绘）

如今，萨凡纳每个广场的规模、景观和应用略有不同。人们从城市的不同地方来到广场，上班族在广场商业区内的大楼里办公，而住宅区内的广场比较安静，主要使用人群是附近居民。

每当萨凡纳建造了新广场，周边区域便在新广场的带动下蓬勃发展。私人区域与独特的高品质城市公共空间穿插其间，每个广场上的便利设施吸引了附近居民，并且为未来的基础设施改造奠定了良好的基础，这里堪称"良性循环"的起点。

萨凡纳，齐佩瓦广场（2013 年）
（亚历山大·加文　摄）

与市长广场一样，萨凡纳城市广场承载着很多日常活动。比如寻常的午后，在齐佩瓦广场，有的人坐在树荫下的长凳上，有的人在遛狗，有的人在阳光下散步。奥格尔索普真人大小的人物雕塑屹立在该广场的中心，栩栩如生，装饰着周边景色，而人们似乎对该雕塑的存在早已司空见惯。齐佩瓦广场让人们产生了城市归属感。

我来到齐佩瓦广场，看到了这样一番景象：广场的一边设置了几排折叠椅，坐在椅子上的人正在等待牧师主持结婚典礼。在广场另一边，两位老太太坐在长椅上激烈地讨论着什么，一群年轻人躺在草坪上沐浴阳光。仿佛每个人的心中都很清楚：这是属于大家的广场。奥格尔索普提交的萨凡纳城市广场设计方案，其最大的价值便是这些高度可识别的城市公共空间。一个个广场似乎帮助人们找到自我、认知自我。由此，城市的规划设计便成功了。

在巴黎，承担着交通运输职能的河流将巴黎协和广场（Place de la Concorde）、星辰广场（Place de l'Etoile）和巴士底广场（Paris de la Bastille）围合起来，这些广场与芝加哥联邦中心、锡耶纳田园广场和萨凡纳城市广场截然不同，它们虽然叫"广场"，但密集交织的交通流量令它们难以承担广场的公共生活功能！

巴黎，巴士底广场（2013 年）
在该广场上，车辆快速移动且密集地交织在一起。广场中央有一根高大的柱子，具有象征意义；除此之外，广场对城市公共空间毫无用处
（亚历山大·加文 摄）

丹佛，第十六街 与大多数美国城市一样，第二次世界大战后丹佛市周边的郊区迅速发展，建造了多个住宅区。搬到近郊的通勤者开车上下班、去购物或前往市中心的其他场所。早晨、中午和傍晚，汽车成为市民必不可少的交通工具。由此，交通出行成了一大问题，一些企业索性跟随员工的步伐，也搬到郊区的工业园，零售店铺也纷纷迁至城郊的购物区。

1964 年，丹佛市中心的办公楼（30.9 公顷）有超过 1/5 的空间处于闲置状态。[3] 自 20 世纪 50 年代初开始的"郊区出逃"令城市业主和商界领袖倍感震惊，他们担心客户流失，生活条件下降。因此，1955 年，城市业主和商界领袖共同组建了丹佛市中心委员会，负责城市调研，改善城区环境。27 年后，1982 年，丹佛市中心委员会作为一个区域改善机构，负责丹佛市内 120 个街区的清洁工作，确保街区安全、整洁且极具吸引力。[4]

事实上，以私人募捐的方式组建区域改善机构，为商业街区提供服务，这并非丹佛的创举。第一家区域保障机构成立于 1970 年，旨在复兴多伦多西布洛尔街，当时，加拿大的很多机构纷纷加入"改善城市居住条件"的队伍。比如，一些区域改善机构一方面聘请环境卫生和保安人员，另一方面加大投资，重新铺路，设置城市家具，为改善街道环境而限制私家车的通行，同时采取一些"公共交通补救措施"，例如增开公交车。那些经济发展依托于旅游收益的城市，区域改善机构则采取措施，方便游客查找信息、参观景点。此外，为了开发市中心区域，区域改善机构策划组织了街头交易会、音乐会、手工艺表演、街头集市、节日庆典和其他活动，吸引了大批游客，带动了市中心及周边商铺的生意。丹佛市中心委员会刚成立时，区域改善机构仍处在起步阶段，但到了 21 世纪第二个十年，北美地区业已成立了 1400 多家区域改善机构。[5]

起初，科罗拉多州的市民领袖抵制建造步行街，因为科罗拉多州的汽车制造业非常发达，汽车是当地居民的主要交通工具，科罗拉多州到处洋溢着"汽车文化"。市民领袖认为，丹佛的办公空间未充分利用，之所以造成这一问题是因为市中心现有的 25 300 个停车位无法满足停车需求，而增加市中心的停车位，有助于提高丹佛的城市品质。于是，1958 年，市政府通过了一项决议：投资 400 万美元，在三个市中心的车库内新建 1700 个停车位。

然而，两年之后，这三个对外开放的车库并没有吸引足够的用户，停车费收不上来，无法收回成本，最终造成 150 万美元的经济损失。[6] 很显然，停车位不足并不是造成"城市办公空间未充分利用"的根本原因。

丹佛规划者决定对第十六街（丹佛市一条主要的商业街）进行改造，此措施终于扭转了局势。幸运的是，丹佛规划者认识到简单地限制甚至"消灭"私家车并不足以解决问题，所以增开了多辆免费的公交车，间隔为 70 秒，往返于第十六街两端的新建城郊公交车站（相距 2 千米）。

丹佛，第十六街（1938 年）
（丹佛图书馆 x-23375）

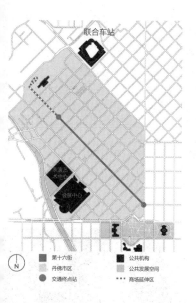

第十六街便利的交通
从第十六街购物中心出发，大约步行四个街区，便可到达城市的主要目的地
（赖安·萨尔瓦托、亚历山大·加文　绘）

耗资 7610 万美元的第十六街购物中心于 1982 年开业，由建筑师贝聿铭（I. M. Pei）及其合伙人以及景观设计师汉娜（Hanna）设计。这个团队重新设计了宽 24 米的通行区，包括位于中央的一条长 6.7 米的林荫长廊以及位于休息区两侧的 3 米公交车道和 5.8 米人行道。[7]

除了行人专用区和两个公交车站，丹佛规划者加大投资，建造了多个城市公共空间及配套的基础设施，比如丹佛艺术博物馆、中央图书馆、20.4 公顷的科罗拉多会议中心、第九剧院表演艺术中心、5 万个座位的库尔斯体育场、丹佛购物中心、两万个座位的百事中心球馆以及三所大学的奥拉瑞亚校区。这同时促进了洛多 Loft 区和拉里默广场历史街区的复兴。在 20 世纪末 21 世纪初，从第十六街出发，通过短距离的步行便可到达城市的重要目的地和著名景点，包括政府机构、社会团体、州议会大厦、市政厅、交通枢纽、多个零售商铺和办公楼、8400 多间酒店客房，以及位于街道北端的新建住宅区。交通便利，再加上免费的巴士，每天平均有 9 万人经过第十六街，这里甚至成为"丹佛一日游"的起点。[8]

丹佛，第十六街（2011 年）
第十六街为人们提供了诸多便利设施，比如免费巴士、供漫步的树荫廊道、可移动的椅子。椅子的周围有花盆，花盆里种植着五颜六色的花朵，人们坐在椅子上便可以闻到花朵的芳香，街边摆放着钢琴，钢琴爱好者可即兴弹奏一曲
（亚历山大·加文　摄）

丹佛，快速轻轨系统
（欧文 · 豪利特、亚历山大 · 加
文　绘）

然而，住在郊区的人越来越多，他们来到第十六街，这一路的交通并不便利。
为了解决这个问题，2004 年，八个郊县的选民共同拟定了一项政策，将各
个郊县的税收上缴 1/4，用于建造一个长约 192 千米的快速轻轨和通勤铁
路系统，以及一个长约 29 千米的快速公交系统，直接通往第十六街。截至
2010 年，这两个交通系统把颇受市民欢迎的第十六街与丹佛郊区的 60 万
人和丹佛市中心的 254 万人联系在一起。

这些年，丹佛不断发展，第十六街也多次改造与提升。丹佛市中心协会
正在制订一项"安全行动计划"，聘请盖尔建筑师事务所和城市公共空
间的规划设计专家，致力于改善街区环境，让街区更具可达性，更便于
使用。[9]

就像丹佛第十六街那样，伟大的城市公共空间仅具有可识别性、可达性和
便捷性是不够的，它必须对所有人开放。由此，人们在那里感到安全、舒适，
找到归属感。这就是丹佛对第十六街进行持续改造与提升的原因。

令人倍感安全的城市公共空间

确保城市公共空间的安全、使人免受伤害是城市公共空间对公众开放的必要条件。通常可借助于一些并不太引人注意的工具和设备确保人们的安全。比如，路灯是一个必不可少的工具，可有效地保证行人、自行车骑行者和机动车驾驶员的人身安全。路灯在夜晚照亮了道路，可减少发生事故的概率、阻止犯罪。同样地，红色、绿色和黄色的交通信号灯发出信号，可提升街道的可见度，以防在黑暗的道路上发生事故。

在街区中停放的车辆可作为"安全装置"。大多数人并不关心停放在大街上的车辆，没人把它们当作"安全装置"。事实上，这些停靠在路边的车辆能够为行人提供保护，避免其他车辆突然转弯。据统计，因车辆骤然转弯而造成的事故在不允许停车的街道上非常常见。此外，街边停靠的车辆能够为自行车骑行者指示一条安全路径，而自行车道往往位于车辆和人行道之间。更重要的是，如果自行车骑行者不慎摔倒，跌到车辆旁受到的冲击力比跌到坚硬且平坦的路面上要小很多。甚至有些时候，车辆可作为一面保护墙，减轻侧面坠落的冲击力。由此可见，街道上的"安全装置"各式各样，出人意料。上述这些"安全装置"在著名的巴塞罗那格兰大道上体现得淋漓尽致。（下文将具体论述）

然而，除了避免交通事故的发生，街道安全也包括保护街道用户免遭扒手、歹徒和各种犯罪的侵害。当然，警察巡逻可有效地防止犯罪，但街道上各色人等秩序井然地忙着自己的事情，这是提高街道安全性的一个好办法。为什么？因为每个人都是一位"街道警察"，我监督着你，你监督着他，组成了"街道警察部队"，这正是巴黎很多繁忙街道上每天发生的一幕幕景象。

良好的街头活动有助于提高街道安全性，那么问题来了：城市街道如何吸引足够的人群，以降低犯罪率甚至消除犯罪？简·雅各布斯给出了答案："街道上的眼睛越多，街道越安全，尤其是晚上。"

巴塞罗那，格兰大道　在巴塞罗那格兰大道上，行人、自行车骑行者和机动车驾驶员的可视距离较远，能够识别潜在的危险，并且避免可能发生的事故。此外，格兰大道确保街道用户享有广泛的通行权利，为不同的车辆及行人的步行活动提供空间，从而最大限度地避免冲突和碰撞。

通常完善的街道配置和规划设计有助于消除潜在的危险。格兰大道是一条50米宽的林荫大道，树木之间种植着一排排茂密的灌木。[10] 除非人们站在街道交叉口，或者无人看管的孩子到处乱跑，否则这种自然形成的树篱就像一道道屏障，人们很难跨越树篱过马路。树篱起到的保护作用同样体现在从侧翼服务区和行人专用区只能看到中央道路上行驶车辆的上半部分，从而防止车辆前灯令夜间骑行者头晕目眩，并且确保卡车或汽车不会从道路上突然转至人行道及自行车道。同时，这些多叶灌木美化了路边景观，极具观赏效果，并且可吸收通行车辆发出的噪声和可能溅起的水花。

巴塞罗那，格兰大道（2013年）
沿街的种植带可避免行人因车辆前灯而头晕目眩，防止车辆转弯至人行道，并且在炎热的夏季提供阴凉
（亚历山大·加文　摄）

人们漫步在林荫匝地的格兰大道上，夏季远离酷热的阳光，冬季躲过凛冽的寒风。然而，沿着林荫大道或高速公路种植树木（特别是棕榈树）并不足以确保人们的身体健康。树木必须位于合理的位置，进行恰当的配置，以便充分体现树木的保护功能。巴塞罗那的夏季非常炎热，格兰大道上高大的树木枝叶繁茂，可有效地保护行人免受阳光直射；而在冬季，这些树木作为一道道防风墙，阳光从树杈间洒落下来，保护步行者免受寒风的侵袭。此外，这条林荫大道的可见度较好，行人、自行车骑行者和机动车驾驶员都有良好的视线，可以识别潜在的危险，避免可能发生的交通事故。

阿姆斯特丹，皮耶·海因卡德大道（2012 年）
街道上一棵棵树木彼此距离太远，无法为行人提供阴凉
（亚历山大·加文　摄）

阿姆斯特丹，皮耶·海因卡德大道　　在阿姆斯特丹，宽阔的街道上种植着一排排大树，但不足的是，这些树木距离街道边缘及建筑入口较远，无法起到足够的保护作用。诚然，优雅而美丽的植被装点着道路，给人一种绿色的视线焦点，但树木的布局存在问题，它们"抛弃"了行人，独自在夏季和冬季抵御恶劣的天气。皮耶·海因卡德大道的情况更加糟糕，街道两侧的建筑物风格单一且高度相同，街道虽然极其宽阔，但对于步行者毫无吸引力（除了停放自行车的车架）。零售商铺、咖啡馆和餐馆零零星星，难怪在人行道上散步的人这么少。

巴黎，维多利亚大街（2007 年）
咖啡馆老板、商铺店主、游客、
购物者、公寓居民和保安……一
双双眼睛在注视着街道，使这里
成为巴黎最安全的街区之一
（亚历山大·加文　摄）

巴黎的街道　　在多功能建筑集中的高密度社区，街道上人流密集，有助于
提高街道安全性，降低犯罪率。比如巴黎的维多利亚大街等街道，旅游景
点集中，吸引了大量人流。街道上每隔几步便是酒吧、餐馆、药店和鞋店等。
因为游客在参观游览的过程中不免进店消费，所以街头零售商铺一般营业
到晚上。在维多利亚大街上，建筑物的一层有很多餐馆和商铺。这样一来，
餐馆老板、商铺店主、公寓居民和保安以及庞大的街道用户群组成了"警
察部队"，共同守护着维多利亚大街的安全。

在巴黎,很多街道熙熙攘攘,灯火通明。人们很好奇,为什么这座城市在打烊后不熄灭路灯来省钱?也许街头保安认为,警察巡逻并不足以确保街道安全,而广大的街道用户也是"街道卫士"。这恰好体现了简·雅各布斯的说法:"街道上的眼睛越多,街道越安全。

舒适的体验

伟大的城市公共空间,仅仅具有可识别性、可达性、便捷性、安全性是不够的,舒适度也很重要。人们来到城市公共空间,希望有足够的空间四处走动,从容地做自己想做的事情,想坐下来时可以坐下,想起身时可以起身,这里不太冷也不太热,不吵闹,不喧哗,让人觉得安心,乐于前往,待上一小会儿再返回。比如巴黎皇家宫殿花园、波士顿联邦大道和斯德哥尔摩国王花园都是备受欢迎的城市公共空间甚至旅游景点,因为它们具备上述特征,为人们提供舒适的空间体验。

人是一种感性动物。很多时候感性对大脑的控制胜过理性。如果一个地方令人感到舒适,人的潜意识就会认为这个地方属于自己,从而找到一种归属感。相反地,那些令人不明方向、不辨其所、无趣且危险的地方,很容易被人抛弃。

很多欧洲城市为在那里工作和生活的人们提供了归属感,这归功于将城市公共空间围合起来的街区和建筑物。比如 2010 年,意大利罗马的人口数量为 260 万人,古比奥的人口数量为 3.3 万人,那里的居民数百年来不曾迁居,一直安居乐业。他们见证着城市的历史变迁,映射着城市的沧桑变化,他们对这片土地爱得深沉,拥有强烈的归属感。

人们对历史悠久的街道总是饱含感情,充满幸福感,但这些街道并不局限于像古比奥这样的老城。一位伟大的建筑师,几乎一夜之间便能够产生灵感。比如,建筑师阿迪森·米兹纳(Addison Mizner)于 20 世纪 20 年代在佛罗里达州棕榈滩建造了沃斯堡大道。此外,城市居民也是建筑设计的灵感源泉,他们厌恶了那些"批量生产"、千篇一律、毫无特色的社区,转而将居住了几十年的房屋重新粉刷和装饰美化,每家每户各有特色,不再"雷同"，长岛莱维敦镇就是成功范例。

巴黎，皇家宫殿花园 皇家宫殿花园是一个僻静的矩形空间，位于六层高的皇家宫殿中心地带。该花园占地面积 0.8 公顷，既不是公园也不是广场，人们称之为"庭院"，这里曾经是贵族的游乐园。花园四周环绕着当年的贵族宅邸，地面上围以普通的柱廊。人们在这些建筑物的底层精品店中闲逛，坐在花园中央的装饰性喷泉周围的活动椅上休息，在林荫下漫步，带孩子去喂鸽子，与朋友玩游戏，坐在草坪上读书、闲聊或谈生意。附近居民、企业的工人、商铺店主、游客一致认为，皇家宫殿花园是一个令人倍感舒适的地方。

巴黎，皇家宫殿花园（2010 年）四个世纪以来，人们来到这个僻静的皇家宫殿花园，总能感觉到自己仿佛逃离了城市的喧嚣和吵闹，这正是该花园的迷人之处（亚历山大·加文 摄）

巴黎皇家宫殿花园始建于 1639 年，出自建筑师雅克·勒梅西埃（Jacques Lemercier）之手，是红衣主教黎塞留（Richelieu）的主要居所。黎塞留去世后，皇家宫殿花园成为皇室财产，供皇室成员居住。通往花园的各大建筑物有一面共同的外墙，该外墙由建筑师维克多·路易斯（Vitor Louis，1731—1800）设计。

1789 年法国大革命后，皇家宫殿花园向公众开放。此后，大家称之为"花园"，这个名称并不准确，当时，这里已成为一个人流密集的公园，面向公园的柱廊内设有商店、餐馆和赌场等。

有一段时间，皇家宫殿花园变得很糟糕。很快地，拿破仑三世对其进行了整治，一切恢复如初。然而，在 1870 年拿破仑三世被迫卸任后，皇家宫殿花园内的一些住所变成了妓院和赌博场所。尽管如此，很多人还是渴望住在皇家宫殿花园附近。20 世纪初，情况有所好转。这里成为巴黎社会名流的私人居所，比如科莱特（Colette）和让·科克托（Jean Cocteau）。[11]

人们来到皇家宫殿花园，远离城市的拥挤、喧闹和噪声。他们在精心修剪的树木下漫步，聆听虫鸣鸟叫，与孩子一同玩耍、嬉戏，或仅仅放松一下。总之，这里让大家倍感舒适。

波士顿，后湾区（2014 年）
（亚历山大·加文　摄）

波士顿，联邦大道 巴黎皇家宫殿花园不仅仅是个"花园"，波士顿联邦大道也不仅仅是一条"大道"。联邦大道集结了公园、会议场所、人行漫步道和休息区，是上班族的避风港，是摆脱城市喧嚣、寻求安静的理想之所，也是宠物狗的"活动室"。

波士顿，联邦大道（2015 年）
（亚历山大·加文　摄）

联邦大道是一个垃圾填埋项目的产物，马萨诸塞州联邦创建的公共土地委员会于 1856 年启动了该项目。项目旨在以新建的城市公共空间取代后湾区日益污染的沼泽地。此外，房地产开发商在这里建造了一些住宅，以容纳波士顿日益增加的人口。[12] 该项目要求建设五条东西走向的街道，将住宅区分隔开来，中央干道是联邦大道。16 英尺（4.9 米）宽的街道分隔两个街区的服务通道，将所有后湾街道的送货和服务车辆分流。因此，联邦大道和后湾区的其他街道上的商业交通比类似街区要少。

交通流量的减少是联邦大道令人倍感舒适的主要原因。林荫大道组成了广阔的开放空间，横跨 73 米，可容纳两条宽阔的人行道，两侧是一排排房屋。这条大街有两条单行道，配有足够的停车场和三车道，中间有一排排绿树成荫的人行漫步道。人们通过人行漫步道徒步上班、购物、回家。还有人坐在长椅上看书，和他人聊天，或观赏着过往的人群，孩子们在一旁玩耍、嬉戏。

斯德哥尔摩，国王花园（2012年）虽然很多皇家花园在改造之后，外观变得现代、时尚了，但它们作为城市公共空间并不合适。斯德哥尔摩国王花园在1970年被列入城市财产的二十年后经历了一次大规模改造设计，从而成为斯德哥尔摩人们日常生活的重要组成部分
（亚历山大·加文　摄）

斯德哥尔摩，国王花园　与巴黎皇家宫殿花园类似，斯德哥尔摩国王花园也是皇室财产。在中世纪，它作为皇家厨房花园，为国王供应食物。后来，几次扩建，变成一个皇家游乐园，很多欧洲皇室成员来这里游玩。国王花园最著名的是对称式巴洛克设计。19世纪初，国王花园的墙壁被拆除，向公众开放，与巴黎皇家宫殿花园在法国大革命之后的经历类似，国王花园于1970年被列入城市财产。1998年，国王花园发生了一场"巨变"：斯德哥尔摩城市规划局把这个乔装成"公园"的花园变成了一个公共聚集地，就像很多欧洲广场一样，人来人往，热闹非凡。[13]21世纪初，国王花园开始组织各种各样的活动，吸引了大批当地人和游客。人们非常喜欢国王花园，因为它令人感到舒适。现今，国王花园成为斯德哥尔摩一个颇受欢迎的城市公共空间。

相较于有些拥挤、嘈杂的巴黎皇家宫殿花园和波士顿联邦大道，斯德哥尔摩国王花园为人们提供更加舒适的空间体验。夏季，这里举办150多场特别的活动。比如，每年六月历时一周的斯德哥尔摩美食节，人们蜂拥而至，品尝美味佳肴。多个乐队全天候演出，让音乐爱好者大饱耳福。冬季，人们在夏天享受凉爽的游泳池变成了溜冰场，圣诞节前后各种集市纷纷登场。各色人等在这里享受生活：小孩儿在水中蹒跚学步，街头潮人喝着啤酒，年轻的情侣享受日光浴，青少年在咖啡厅吃冰淇淋，老年人在树下漫步，商人们谈生意，零售商售卖纪念品，自行车骑行者匆匆地踏上回家之路，游客拖着行李箱，亲朋好友在著名的雕像前拍照留影……各种景象交织在一起，好不热闹。

罗马，康多提大道　康多提大道始建于有史记载之前，作为从台伯河到宾西亚丘陵的直达路线，在那里西班牙大台阶直升到山上天主圣三教堂。该大道得名于曾经在其下方运行的地下管道，管道将水输送至整个城市并终止于阿格里帕浴场，奥古斯都·凯撒大帝偶尔在浴场沐浴。康多提大道充满厚重的历史韵味，行走在街道上，一种历史沧桑感和归属感油然而生，漫步其间，感受着罗马这座历史古城的兴衰与演变。一条伟大的街道就是这样，把人们带入那段逝去的历史，让人们感受到自己虽然是历史长河中的过客，但的的确确存在过，留下了足迹。

罗马，康多提大道（2012 年）西班牙大台阶上的方尖塔为街上的人们提供了可见的终点，并且暗示着这座城市的过往兴衰（亚历山大·加文　摄）

古比奥，阿奎兰特大道 在意大利，罗马古城以及多条街道（比如康多提大道）都会让人们产生一种历史沧桑感和归属感。当地人世世代代生活在朴素的城镇上，他们热爱家庭，重视传统习俗，对文化的沉迷甚至超过了对经济利益的追求。

比如，意大利中部翁布里亚地区的古比奥城每年吸引数以万计的游客来到风景如画的教堂和名胜古迹参观，这些旅游景点历史悠久，多建于 14、15 世纪。古比奥的一些市民向游客售卖自己制作的手工艺品或当地特产。他们在言行举止中流露出满足感，因在这里工作或生活而深感自豪。再如，阿奎兰特大道，这是一条狭窄的道路，至今还保留着两个、四个甚至六个世纪以前的原貌。

的确，站在阿奎兰特大道上，便会明白为什么小镇居民对家乡有如此强烈的感情。街道上铺设着当地出产的鹅卵石，非常有趣。与古比奥的其他地方一样，这里有一条稍微下凹的排水沟。街道上的建筑由相同的石块建造而成，道路以相同的模式铺设开来。迷人的陶瓦屋顶与其他街道沿线建筑物的屋顶非常类似，彰显出城镇社区的特色，体现了一种融合之美。

古比奥这个小镇并不起眼，而阿奎兰特大道也是一条鲜为人知的街道，但它为人们的幸福生活做出了巨大的贡献。人们足够幸运，世世代代居住在这里。他们深深地爱着自己的家园，关心着家园，这种精神着实令游客感动。当地人把房子改造成自己想要的模样，一些微小的变化清晰可见，比如摆放满是鲜花的窗槛花箱或在墙上悬挂彩旗。每家每户各不相同，独特的美学符号与当地醇厚的历史积淀交织在一起。人们在这条街道上怡然自得，生于此，长于此。数个世纪以来，人们对自己的家乡绝对忠诚，并且以自己的方式使之变得更加伟大。

古比奥，阿奎兰特大道（2011年）
居住在这条街道上的人们有一种
归属感，他们的家庭世代相传
（亚历山大·加文　摄）

棕榈滩，沃斯堡大道（2012 年）
沃斯堡大道是建筑师阿迪森·米
兹纳（Addison Mizner）的杰
作，为人们无处安放的灵魂找到
了一个梦幻般的好去处
（亚历山大·加文　摄）

棕榈滩，沃斯堡大道　历史并不悠久的街道也能让人们产生归属感，佛罗里达州棕榈滩沃斯堡大道就是一个例子。沃斯堡大道是四个街区的组合，街道上遍布现代时尚的高端精品零售商店。建筑师罗伯特·A·M·斯特恩（Robert A.M. Stern）出生时，沃斯堡大道尚未建成。他在这些商店开业60年之际说道："游客和居民流连于街上的250间高级精品店、美术馆、珠宝店、餐馆和私人会所，沃斯堡大道成为度假生活的一部分：休闲活动、夜间娱乐等。"[14]

沃斯堡大道上很多建筑物的立面采用西班牙、罗马、哥特、地中海和文艺复兴时期的设计风格。街前、街后分布着井然有序的花园，覆满三角花的墙壁、石塔、中世纪风格的喷泉、巴洛克风格的楼梯、几排棕榈树、拱形的阿拉伯风格的窗户和门廊、红瓦屋顶、凸出的玻璃门廊、精心装饰的铺砖，以及其他装饰设计，这些元素组成了一道道美丽的风景线。游客徜徉其间，有一种扎根小镇不走了的冲动。此外，人们穿过沃斯堡大道，按照提示，转向一条漫长且商铺林立的人行道，当地老人把这种人行道称为"过道"，在不同的点位将各个街区串联起来，这里遍布着高级定制的奢华专卖店。不知何故，游客总感觉这里像家一般亲切。

每年沃斯堡大道会吸引成千上万名游客，他们在这里消费，购买房地产，很多人甚至长期居住，好像"扎根"了。这里也承载着人们的感情。是啊，度假时、退休后，来到这样一个小镇，活在梦幻般的世界里和明媚的阳光下，是多么幸福的一件事啊！

长岛，莱维敦街道（2006 年）
现今，莱维敦街道上的建筑物与
居民刚入住的时候截然不同。业
主们的"自我改造"使这条街道
焕然一新
（亚历山大·加文 摄）

长岛，莱维敦街道 莱维敦街道位于佛罗里达州棕榈滩以北约 1609 千米的纽约市郊区，这里是中产阶级"自我改造"的产物。街道如何影响当地人的情绪、态度、行为和生活？当地的精英群体有自己的一套设计模式，他们的作品并非旨在营造归属感。数千名居民对千篇一律的郊区住宅社区进行了调整和改造：将车库变成附加的房间，将阁楼改装成卧室，增加了带棚的门廊，扩建了厨房，种植了乔木和灌木。在此过程中，人们把家园和街道改造成自己理想的模样，也体现了一种生活方式。

起初，一排排郊区住宅单调、乏味，与高档新英格兰殖民地住宅几乎毫无关联。然而，它们为数百万个遭受毁灭性世界大战影响的家庭提供了高品质、经济适用的住房。在这些城镇，设计师更加关注效率和规模，而并非美学。

长岛莱维敦镇位于纽约城外。第二次世界大战结束后，美国政府最早在这里开展"战后建设"，之后，很多项目运营模式被其他城市所复制。莱维敦镇的建设集中于 1947 年至 1951 年，大片相同的鳞次栉比的单户家庭住宅组成了美国历史上第一个也是最著名的大型住宅群，这是一个令人难以置信的大型建筑项目。有专家认为，它将成为无法识别、缺乏文化特色的郊区的典型代表。

据统计，莱维敦总共规划了 17 747 套房屋，但仅有五种户型可供人们选择。生活在这样一个密闭、割裂的社区，人们也会变得墨守成规。不过，事实证明，莱维敦的居民并不像专家预测的那样，而是充满智慧且富有创造力。

人们究竟怎么做呢？不同于古比奥的居民，莱维敦的居民没有使用精细的石雕和彩色旗子装饰新房子（7 月 4 日除外）。不同于古比奥的石砌建筑物，莱维敦镇的简单木制房屋有着令人惊奇的可塑性，可轻松地满足个人需求。很多人用鲜花填满了窗槛花箱，但这是各家各户房屋唯一的相似之处。这项"房屋改造"运动从一开始便充满创造性。有的居民甚至将小房子"脱胎换骨"，改造成价格不菲、品质高端的豪宅。

得益于这场大约 60 年前的"房屋改造"运动，莱维敦街道成为一个城市地标，街道上完全找不到原先模样的房屋。莱维敦镇的很多街道，最初因单调和缺乏想象力而备受诟病，而现今，它们比很多经济水平更高、品质更高端的街道还要人性化。莱维敦镇曾经排列的"小盒子"和单调的街道景观已不复存在。

永恒的开放

永恒的开放是伟大的城市公共空间的必备条件，这就要求城市公共空间在今天、今后十年或一个世纪之后仍然可识别、可访问、易于使用、安全且舒适。街道和公园也如此，比如，巴塞罗那格兰大道、丹佛第十六街、罗马康多提大道和波士顿联邦大道，以及巴黎皇家宫殿花园和斯德哥尔摩国王花园等。城市公共空间始终对公众开放，人们可以畅通无阻地进入或穿越城市公共空间的任何部分。

与此同时，城市公共空间必须可识别、易于到达、易于使用、令人倍感安全和舒适，并且产生归属感，否则人们不会前往。这种归属感是巴塞罗那格兰大道、斯德哥尔摩国王花园、罗马康多提大道等城市公共空间备受欢迎、经久不衰的共同特征。得益于这些伟大的城市公共空间，巴塞罗那、斯德哥尔摩、罗马等城市变得更加伟大。

最后，再次强调，应当对城市公共空间不断地完善和改造，使其满足用户群体不断变化的需求。

赫尔辛基，滨海大道（2014 年）
（亚历山大·加文　摄）

人人均可使用

我继续我的旅程——探究"如何造就一座伟大的城市"。芬兰赫尔辛基是旅途中的一站。52 年前，我来过这里，而这一次，我想看看这座城市在这么多年间有什么变化。我在市中心的酒店办好入住手续后，沿着滨海大道散步。城市的中心地带有一个蜿蜒前进且郁郁葱葱的绿色空间，我上次来的时候还没有投入使用。令我惊讶的是，现今，这里有很多游玩、嬉戏的人。

滨海大道是一个很"酷"的地方，吸引着不同的人。比如，老年人在阳光下坐着；自行车骑行者经过这里，稍作休息，然后前往其他目的地；工人们在午休；孩子们在玩耍；有的乞丐时不时地在这里停留一会儿。由此可见，滨海大道是一个城市公共空间，是一个"人人均可使用"的地方。

沿着滨海大道散步时，我问自己：为什么伟大的城市公共空间应当'人人均可使用'？这是因为人是社会性动物。在日常生活中，人是流动的，需要与不同的人交流、沟通，而不可能永远待在同一个地方、与相同的人相处。因此，城市公共空间应当吸引不同的人群，让各色人等在这里开展自己想要开展的活动。比如，在曼哈顿中央公园，有富人也有穷人，有年轻人也有老年人，每个人都在享受着公园提供的福利。[1]这个公园足够大（占地面积 341 公顷），功能多元。人们来公园的目的也许各不相同，但需求都能得到满足。如果城市公共空间的面积狭小，那么容易造成人流拥挤，从而影响正常运营。然而，良好的管理有助于提高城市公共空间的载客量，从而弥补"空间狭小"这一不足。正如下一章所示，维也纳克恩滕大街和纽约布莱恩特公园在一个多世纪以前得益于良好的管理而吸引了大量人流。

滨海大道是如何做到"人人均可使用"的呢？答案是：滨海大道兼作公园、街道和广场之用。地毯般郁郁葱葱的草坪和枝叶繁茂的树木使滨海大道看起来像一个公园。此外，与萨拉曼卡市长广场和斯德哥尔摩国王花园一样，人们喜欢在滨海大道上聚会、参加活动。虽然滨海大道并非真正意义上的街道，但其道路两侧分布的店铺和餐馆颇受欢迎，为人们周末闲逛和休闲娱乐提供了好去处，这一点与巴黎林荫大道和维也纳克恩滕大街很类似。

在探访西班牙时，我被萨拉曼卡市长广场深深地吸引。在赫尔辛基，滨海大道吸引着我，我每天会在不同的时间前往滨海大道细细体味一番，而每次"重返"都有不同的认识。我在树下悠闲地散步，我发现，无论何时，当地人也好，外地游客也罢，这里的人们都很开心，不打扰他人，也不被他人打扰，各自忙着自己的事儿。

赫尔辛基，滨海大道（2014 年）
这个城市公共空间吸引了不同
的人群，兼作街道、广场和公
园之用
（亚历山大·加文 摄）

1812 年，俄罗斯沙皇亚历山大一世将赫尔辛基确立为当时还是俄罗斯大公国的芬兰的首都，当时的赫尔辛基只是一个有四千多人的小城镇。赫尔辛基实施了一系列开发规划，扩大了港口和市场，建造了宏伟的政府大楼、俄罗斯东正教和路德教会教堂。最重要的是，打造了一个矩形开放空间，即滨海大道，从港口向西延伸，从市政建筑物向南延伸。之前，在这样一个小城镇中，居民步行几步便可到达社区周边的草坪，所以没有必要建造像滨海大道这样的大型公共开放空间。然而，赫尔辛基的人口不断增加，市政机构呼吁在市中心建造一个大型园景聚集地，而滨海大道恰好能够满足居民的需求。

现在，赫尔辛基的人口数量超过 60 万人。事实证明，建造滨海大道是一个明智且正确的决策。多年来，相关部门对滨海大道及其附属的开放空间实施不间断的管理和维护，并且在 1998 年对景观进行了修复。人们在这里互动、交流，整个社会也变得更加开放、包容。

滨海大道是一个占地面积 1.6 公顷的开放空间，向西延伸，从东部边缘的公共市场到西端的瑞典剧院距离将近 390 米。三条南北向的城市街道（其中一条禁止车辆通过）将滨海大道分隔开来，但滨海大道仍像一条公园散步道"夹"在两条平行的林荫大道之间，运行良好。滨海大道的北部是赫尔辛基的一个大型购物街，这里有该市最古老且规模最大的百货公司和书店。北面两个街区与城市火车站相连通。该市最好的酒店、办公楼和零售商铺位于滨海大道和火车站之间的两个街区内。

如果没有滨海大道这条公园长廊，赫尔辛基的市中心不会如此热闹。人们在这里休闲娱乐，观看爵士音乐会，跳着民间舞蹈，欣赏时装表演，或者在咖啡馆小酌。

滨海大道的人行漫步道上有一排排长凳，这里是人们驻足、休息的理想之地。平行的低矮树篱将人行漫步道围合起来。每道树篱的另一面铺设了草坪。夏季，每当夜幕降临，很多年轻人聚集在这里，欣赏赫尔辛基特有的极昼景象。他们在草坪上露营，说说笑笑，一直待到凌晨。因此，滨海大道被称为"赫尔辛基的夏日客厅"。

在这次城市探索之旅中，巴黎我游览了两次。我认为，巴黎是世界上最美丽的城市之一。初到巴黎，我决定从马德琳广场步行至巴士底狱。我来到意大利林荫大道，坐在长凳上看着过往的人群。男人、女人、孩子，各自忙着自己的事儿。大多数游客沉迷于一项令人兴奋的活动——消遣购物，这也是巴黎当地人最喜欢的。一路上，正赶上街头魔术师在表演，观众虽然不多，但都沉醉其间。街头咖啡店里挤满了食客和饮酒者。总之，人们来到林荫大道、进入林荫大道，在城市公共空间中享受着丰富的休闲娱乐生活，同时与疾驰于五条宽阔车道上的公交车、私家车、卡车安全地隔离开来。

一再返回的理由

伟大的城市公共空间总是为人们提供一再返回的理由，人们愿意前往并驻足。无论白天或夜晚，冬季或夏季，天气好或坏，城市公共空间非常繁忙地"招待"人们。人们来到这里，必须有事可做，有地方可待。扬·盖尔（Jan Gehl）在《交往与空间》一书中提到："室外公共空间应当为必要活动、可选择性活动和基本的社交活动设定相应的空间。"[2] 由此可见，城市公共空间应当留出交通通行的空间和供人们休闲娱乐的空间。同时，为了确保公共空间长期有序地开放，城市必须投入足够的资源，进行维护和管理。

仅为通行而提供"过道"的大街、仅提供聚集地的广场，或仅为一两次娱乐活动而留出空间的公园，这些不属于真正意义上的城市公共空间。城市公共空间必须拥有多元化的功能，满足不同人群的需求。

最初，某个空间可能功能单一，但一旦转变成城市公共空间，必须拓展其功能。比如，巴黎林荫大道起初是为了提供"过道"，法国皇后花园和卢森堡公园是私人花园，后来，它们在各自的基础上丰富了功能，不止提供"过道"，不局限于私人花园，而是以一种开放、包容的心态接纳周边社区的居民、学生和机构工作人员，即每个人都可以来这里干自己的事儿。再如，芝加哥华盛顿公园最初被设计成一个娱乐活动场所，后来转变成一个用途多元的城市公共空间。

巴黎，意大利林荫大道　与巴黎的很多街道一样，意大利林荫大道非常宽阔，比那些运送货物、输送行人的交通干道宽得多。这是一个与人方便的城市公共空间，街上遍布男人、女人和孩子，人们来这里是因为这里吸引着他们。

巴黎的林荫大道之所以具有吸引力，是因为这里热闹、繁华：店铺售卖的商品非常有趣，餐馆里的美味等人品尝，人们很友善，休闲娱乐场所方便进入、易于使用，周边交通便利、四通八达。可以说，巴黎的林荫大道是一个"合格"的城市公共空间。人们漫步在巴黎的林荫大道上，感到很安全，好像自己就是这里的一份子，而并非局外人。人们轻松、惬意地开展休闲娱乐和社交活动，有时持续数小时。

巴黎，意大利林荫大道（2011年）
（亚历山大·加文　摄）

巴黎，意大利林荫大道（1840年）
（帕特里斯·德·蒙坎、莱斯·意
迪森·杜·梅森　摄）

1830年，意大利林荫大道初建时是一个服务于社会精英和贵族的时尚场所，它的名字源于附近一家于1783年开业的歌剧院——意大利剧院。女士们和先生们沿着这条繁华的步行道约会，在城市中最时尚的咖啡馆、酒吧或餐馆会面，然后闲逛于街道两侧的高端商店。当时，"花花公子"一词是指常去巴黎或其他城市时尚场所的享乐主义者，他们去那里会见朋友、约会、谈生意，光顾商店、餐馆、酒吧和酒店等。因此，房地产开发商、店铺老板们竞相开设大商场，争夺这些高端消费者，迎合"花花公子"的喜好。

法兰西第二帝国时期，意大利林荫大道在爱德蒙·德克西尔（Edmond Texier，1815—1887）的眼中是"法国最有特色的地方"。[3]现今，古老的联排别墅被大型办公楼和酒店所取代，访客从19世纪的社会精英和贵族变为不同阶层、不同种族和不同收入水平的巴黎当地人以及外地游客。然而，人们在这里的活动似乎没有多少变化：坐在林荫大道旁的咖啡馆，看着熙熙攘攘的人群，和朋友约会，欣赏店铺橱窗中陈列的商品，凝视海报、广告牌和悬挂的标语，获知最近要上映的精彩电影、旅行社推出的假期优惠旅行服务以及其他诱人的商品大促活动等。

巴黎，意大利林荫大道（2011年）
当代的"花花公子"在宽敞的人
行道上漫步、聊天、浏览橱窗
（亚历山大·加文　摄）

卡米耶·毕沙罗（Camille Pissarro）在画作《蒙马特林荫大道》中描绘了
意大利林荫大道上向东延伸的蒙马特林荫大道，巧妙地揭示出 19 世纪末意
大利林荫大道对巴黎生活的重要性。在他的作品中，街道上车水马龙，灯
火迷蒙，男男女女穿着优雅，漫步于街边。然而，这个梦幻般的景象并没
有持续很久。20 世纪初，四轮马车被福特 T 形车和梅赛德斯 – 奔驰所取代，
而气雾灯为现代霓虹灯所取代。尽管如此，现今，意大利林荫大道仍然是
巴黎最时尚的地区之一，这里分布着巴黎中心区的著名目的地和旅游景点，
包括歌剧院、受欢迎的酒店、电影院和时尚零售店。无论在过去还是今日，
意大利林荫大道始终服务于不同的人群，不曾改变。

《蒙马特林荫大道》（1897 年）
（卡米耶·毕沙罗绘，藏于圣彼
得堡艾尔米塔什博物馆）

巴黎，卢森堡公园（2010 年）
（亚历山大·加文　摄）

巴黎，卢森堡公园　法国王后玛丽·德·美第奇（Marie de Medici）是亨利四世国王的遗孀，她和她的儿子路易十三（King Louis XIII）于 1611 年建造了巴黎卢森堡公园。公园施工后，王后委托设计师雅克·波阿索·德拉·巴瑞迪尔（Jacques Boyceau de la Barauderie）负责公园的装饰和美化工作，对水池、喷泉、刺绣花坛、夹竹桃和长方形草坪进行合理的设计和修缮。当然，这些设施均服务于特权阶层。

法国大革命爆发后，卢森堡公园被新政府占用并且作为议会大会举办地，最终成为法国参议院的所在地。后来，卢森堡公园进行了扩建，向公众开放。之后的几次调整是法兰西第二帝国时期的交通干线改进工程的一部分（参见第 6 章）。尽管经历了一系列变化，卢森堡公园的设计理念不曾改变，只是前往公园的人群及其在公园里进行的活动发生了变化。

巴黎，卢森堡公园（2013 年）
当代巴黎人重新定位了这座始建
于 17 世纪的皇家园林，并且将
其改造成一个备受大众欢迎且功
能多元的 21 世纪公园
（亚历山大·加文　摄）

巴黎，卢森堡公园（2013 年）
始建于 17 世纪的装饰喷泉在 20
至 21 世纪成为孩子们玩帆船模
型的"游乐场"
（亚历山大·加文　摄）

卢森堡公园大型八角水池中有一座喷泉，最初是用于装饰环境。如今，孩子们租用或自己携带帆船模型在大型八角水池中比赛，还有的租一匹小马，漫步于林中小径，或坐在木偶剧场附近的旋转木马上。

卢森堡公园不仅受到低龄儿童的欢迎，也吸引着附近巴黎大学的学生。他们下课后来到这里，坐在长凳上（19 世纪，卢森堡公园增建了长凳）读书，与同学讨论，或独自晒太阳。他们与附近社区的青少年一起踢足球，来一场即兴的足球比赛，在露天舞台听音乐会，或在咖啡厅品尝一杯葡萄酒。此情此景，得益于卢森堡公园公共设施的不断完善。

人们在座椅上看风景，或野餐，或在公园里漫步。他们推着婴儿车，带着素描用具来写生，或带着网球拍来打球（20 世纪，卢森堡公园增建了网球运动场）。卢森堡公园拥有丰富的功能，人们在这里拍照留念、欣赏古城堡，或悠然自得地散步。总之，卢森堡公园做到了"人人均可使用"，无论人们的目的如何，公园总能满足大家的需求。

芝加哥华盛顿公园与卢森堡公园有着迥然不同的历史和外观，但同样是一个功能多元的城市公共空间。

芝加哥，华盛顿公园 华盛顿公园的设计师奥姆斯特德和卡尔弗特·沃克斯（Calvert Vaux）在美国公园里第一次设计了运动场地。华盛顿公园占地面积 151 公顷，最有特色的是平坦的草坪，可服务于备受美国大众欢迎的户外运动。这些运动空间占地 40 公顷，并非专门适用于某一项运动，因为人们的喜好可能不断变化。没有人知道未来哪种运动将在美国流行起来，而哪种运动会被大众抛弃。然而，设计理念却是唯一的：开放空间可用于不同的体育运动，比如棒球、足球、板球、球类游戏以及其他可能流行的运动。[4]

芝加哥，华盛顿公园（2008 年）
人们在公园里举行板球比赛，之
前有一群人在打棒球，之后还有
一场橄榄球游戏
（亚历山大·加文　摄）

我第一次游览华盛顿公园是在 1980 年，每次前往，草坪上都在举行棒球
比赛。最近一次，我看到日裔美国人在打棒球，而印度裔美国人在打板球。
看来，奥姆斯特德和沃克斯打造的这个多功能的城市公共空间可以在不同
的时间服务于不同的人群，满足不同的需求。

费城，迪尔沃斯广场（2015 年）
随便找个孩子问一问："你为什
么要去市政厅前方的迪尔沃斯广
场？"答案肯定是"我在那里玩
得很开心"
（亚历山大·加文　摄）

玩得开心

伟大的城市公共空间是一个让人们享受生活的好地方。这就是人们前往华盛顿公园、意大利林荫大道或其他城市公共空间休闲娱乐、消磨时光的原因。躲在赫尔辛基滨海大道或罗马纳沃纳广场的阴凉处，观察过往人群，猜一猜他们下一秒要干什么，你观察我，我观察你，这也是一种乐趣。此外，有的城市公共空间中建造了游乐场，供人们玩耍、嬉戏。到 19 世纪中叶，在城市公共空间里建造游乐场变得非常普遍，很多城市的公共空间在设计之初专门为游乐场预留了场地，有些游乐场甚至扩建成休闲娱乐景区。人们在公园、广场里游戏玩闹，满是欢声笑语。

曼哈顿，河滨公园，诺伊菲尔德游乐场（2011 年）
21 世纪，人们仍然在使用很多建于 20 世纪 20 年代的秋千、滑梯和沙坑
（亚历山大·加文　摄）

游乐场　华盛顿公园游乐场的"常客"是青少年和成年人。对于年轻的城市居民来说，华盛顿公园最具吸引力的就是它的游乐场。游乐场位于人口密集的城市社区，为人们提供锻炼身体的空间，孩子们在这里强健体魄，消耗大量的热量，与伙伴们交流、互动。[5] 此外，白领们在工作之余也来这里休息。修建游乐场并不需要巨大的资金投入，仅在原有的城市公共空间中开辟一片场地即可，对市民却大有裨益。因此，社区机构经常提出计划，修建更多的游乐场，以改善街区条件。

20 世纪上半叶，游乐场的"标配"是秋千、滑梯、跷跷板、沙坑和其他标准化器械。这些设施和器械往往批量生产且价格便宜，用于游乐场，可谓"物美价廉"，游乐场也具有很高的"性价比"。第二次世界大战结束后，孩子、父母、设计师和公共机构认为，这些设施和器械已经无法让人玩得开心，所以新型游乐场配备了更加丰富多彩的休闲娱乐设施，而且色彩鲜艳。到 21 世纪，很少有城市沿用老式的游乐场。在莫斯科克罗门斯科耶公园，设施、设备造型各异，色彩夸张而明亮，孩子们沉浸在梦幻般的城市景观中，开展着各种游乐活动：上下跳跃、攀爬、滑梯、躲猫猫。

莫斯科，克罗门斯科耶公园（2014 年）
在 21 世纪，经过设计师的装饰与美化，梦幻般的游乐场自身就是一个城市景观
（亚历山大·加文　摄）

罗马，纳沃纳广场　作家兼记述者迈克尔·韦伯（Michael Webb）说过："广场的最佳状态是作为城市生活的缩影，带来令人兴奋的种种可能性。人们在这里举行公共典礼，会见朋友，观察世界。"[6] 城市公共空间中的游乐活动越多，人们越热衷于前往并待在那里。这并非当代人的"心得"，公元 1 世纪时，罗马市民就到图密善皇帝（公元 81—96 年在位）建造的大型露天体育场参加体育赛事和一些大型活动。今天，这个地方被称为"纳沃纳广场"。该广场是一个细长的椭圆形区域，大部分空间是游乐场，已成为罗马最受欢迎的一个旅游目的地。自 1477 年以来，历经四个多世纪，纳沃纳广场一直是魔术师、演员、歌手和其他街头艺人展示技艺的地方，也是公众"玩得开心"的好去处。[7]

罗马，纳沃纳广场（2012 年）
（亚历山大·加文　摄）

历史上，很多君主、教皇和设计师对纳沃纳广场进行了修缮，比如教皇英诺森十世（Pope Innocent X，1574—1655）、吉罗拉莫·拉伊纳尔迪（Girolamo Rainaldi，1570—1655）和他的儿子卡罗·拉伊纳尔迪（Carlo Rainaldi，1611—1680）、弗朗切斯科·博罗米尼（Francesco Borromini，1599—1667）以及吉安·洛伦佐·贝尔尼尼（Gian Lorenzo Bernini，1598—1680）。教皇英诺森十世在广场的一端建造了家庭住宅——多利亚潘菲利宫殿。此外，他在广场上建造了阿戈纳圣埃格尼斯教堂（仿制博罗米尼的作品）和三座喷泉，包括"震耳欲聋"的中心喷泉和四河之泉。

纳沃纳广场及周边的巴洛克风格建筑无疑是该地区最具吸引力的地方。喷泉喷溅着层层水花，街头艺人进行着各种表演，这些表演相较于正式、大型的演出毫不逊色，过往行人纷纷驻足，捐出自己的一份"善款"，以表谢意。除了观看街景，人们还可以进入街边零售店逛一逛，那里的商品琳琅满目，即使不买，大饱眼福也是一番享受。

罗马，纳沃纳广场（2012年）周围的咖啡店和餐馆为这个广场"锦上添花"，广场成为一个著名的旅游目的地（亚历山大·加文　摄）

很多建筑物的底商是咖啡店和餐馆，这里的消费水平比较低，人们坐在遮阳伞的阴凉下，欣赏街景，观看广场上举办的活动或节目。我每次去罗马，总要前往"三台阶"（Tre Scalini），在桌旁欣赏窗外的世界。"三台阶"是一家历史悠久的餐馆，始建于 1882 年，它的特色商品是其自制的"松露"，是一种非常特别的黑巧克力。

充满活力的多功能城市公共空间

芝加哥人致力于对华盛顿公园进行一番改造，使其变成一个伟大的城市公共空间，更好地满足人们的需求。这与 20 世纪末匹兹堡市集广场和平板玻璃公司总部办公大楼广场的改造不谋而合。如果城市公共空间缺少易于使用的设施，那么人们的兴致就会不高，时常避开这里。相反地，如果各项设施易于使用，那么人们就会被吸引过来，起码街头艺人会在这里表演，还有随之而来的一大批观众。

匹兹堡，市集广场和平板玻璃公司总部办公大楼广场　在 1784 年匹兹堡城市规划中，市集广场被确立为一个重要的出行目的地。在接下来的两个世纪里，该广场上建造了一系列建筑物，占地 0.6 公顷，包括法院、市政厅以及商店。[8]1961 年，最后一幢建筑被拆除，取而代之的是四块荒芜的矩形草坪，这些草坪通往福布斯大街和集市。当时，这个新建的绿色空间并不是一个理想的城市公共空间。

市集广场作为一个城市公共空间而"重焕活力"缘于匹兹堡市政府禁止车辆在这里通行，并且进行重新设计、重新布局、重新规划，以容纳一年四季不同时间的各种活动。1984 年，该广场以南的半个街区中新建了一个私人广场，这个广场位于匹兹堡平板玻璃公司（PPG）七层总部办公大楼的中心地带。该广场出自建筑师菲利普·约翰逊（Philip Johnson）之手，堪称约翰逊的一个杰出的城市设计作品。然而，当时约翰逊只有一个目标：确保该项目顺利获批。

约翰逊将该项目提交至政府机构，等待批复。他承诺，平板玻璃公司总部办公大楼广场完工之后，匹兹堡将是该广场的受益者。这是一个壮观的广场，

威尼斯，圣马可广场（2006 年）
（亚历山大·加文　摄）

配有柱廊，可以与威尼斯圣马可广场相媲美。[9] 虽然威尼斯圣马可广场的面积是平板玻璃公司总部办公大楼广场的 6 倍，在柱廊的掩映下，白领们每天经过这里而前往办公楼，商店、餐馆、博物馆和酒店每年吸引数十万名游客。威尼斯圣马可广场非常著名，在匹兹堡若能建造一个与其 "平分秋色" 的新广场，真是太好了，因此，该项目获批了。平板玻璃公司总部办公大楼广场的硬质景观及屹立于中央的方尖碑对外开放后，除了在附近上班的白领，并没有吸引太多的人前来。事实上，该广场与威尼斯圣马可广场相比还是稍显逊色。

匹兹堡，平板玻璃公司总部办公
大楼广场（1987 年）
该广场因未留出供人们活动的空
间而沦为一条沉闷、无趣的"通
道"
（亚历山大·加文　摄）

匹兹堡，平板玻璃公司总部办公
大楼广场（2014 年）
水景、桌椅、雨伞和各种植被将
这个曾经沉闷、无趣的"通道"
改造成匹兹堡的一个"人气颇高"
的城市公共空间
（亚历山大·加文　摄）

后来，为了吸引人群，以及提升平板玻璃公司总部办公大楼广场的吸引力，在该广场的周围新建了桌子和椅子，并且在方尖碑附近装点了一些水景。虽然该广场与威尼斯圣马可广场相距甚远，却成为一个备受孩子和成年人喜欢的目的地。可移动桌椅可以供人们坐下来吃午饭或谈话。夏季，孩子们在喷水池中戏水；冬季结冰时，人们来此滑冰。

匹兹堡，市集广场（2014 年）
夏季，广场上售卖各种商品，游客可尽情挑选
（亚历山大·加文　摄）

匹兹堡，市集广场（2013 年）
圣诞节，广场上的小型零售店铺出售礼品和商品，大都会区的人们前来选购
（亚历山大·加文　摄）

匹兹堡城市规划机构深知，市集广场和平板玻璃公司总部办公大楼广场比不上威尼斯圣马可广场，无法兑现当初的"承诺"，因此，采取了一个重要措施：实施广场改造项目，以便吸引当地人和游客。1997 年，成立了匹兹堡市中心合作组织——市中心商业改善机构（BID）。事实上，市中心商业改善机构提供了一个资金筹措机制，充分利用会员缴纳的年费，以弥补政府削减或终止的资金支出。[10] 九年后，匹兹堡城市规划部门与市中心商业改善机构共同制订了"匹兹堡市集广场和平板玻璃公司总部办公大楼广场行动计划"，并且设定了愿景。该计划的内容非常简单，即让"市集"重回广场。[11] 然而，若想重建"市集"，需要在广场上留出足够的空间。因此，政府下令广场禁止车辆通行，将四个矩形草坪改建成一大型聚集区。车辆只能小心翼翼地在该广场的外围行驶，在广场四周的餐馆、酒吧和零售店前的人行道上寻找停车的空间。同时，建筑物将广场围合起来，建筑物前方的人行道经过拓宽，人们可在此用餐，贯穿广场的照明设施也得到了改善。

与此同时，广场上经常举办一些活动，以吸引大量人流。[12] 每周四的农贸市场可吸引 7000 ~ 10000 名上班族、附近居民和游客；周一到周三举办午后音乐会；"儿童剧院"在每周二上午上演不同的教育节目；该广场与匹兹堡卡耐基图书馆合作，搭建了一个移动式的"读书室"，把很多图书搬到这里。圣诞期间组织"假日市集"，为商家提供摊位，售卖各种礼品和手工艺品。市中心商业改善机构负责该广场的日常管理和维护工作，在某种程度上承担着市政卫生和安全服务的职责。得益于此，匹兹堡市集广场和平板玻璃公司总部办公大楼广场成为一个多功能的城市公共空间。

纽约，曼哈顿，中央公园
（亚历山大・加文　摄）

物尽其用

2014 年 5 月的一个星期日，我漫步于中央公园时，惊奇地发现公园里的每个人都能够做自己的事情，而不干扰他人的活动，比如漫步、打棒球、躺在阳光下、读书、野餐、坐在长凳上、划船、在草坪上席地而坐、打网球、听音乐会、骑自行车、看鸟、喂鸭子、放风筝、玩滑板。

相较于其他城市公共空间，我对纽约曼哈顿中央公园非常了解，因为我在那里待了很长一段时间，查阅了与之相关的资料，并且在《公园：宜居社区的关键》一书中进行了详尽的论述。此外，作为纽约人，我小时候经常在曼哈顿中央公园里玩耍，可以说，我的童年就是在那里度过的。现在，70 多年过去了，我也渐渐明白为什么曼哈顿中央公园每年吸引 4000 万人。[13] 该公园的设计独具一格，管理和维护工作非常到位，每一项设施物尽其用，每一个人在这里完成自己想要完成的事情。

曼哈顿中央公园比较庞大，占地面积 341 公顷。设计师将不同的空间分割成一个个彼此相连的小型空间，方便人们进入公园，而不会对他人造成干扰。

纽约，曼哈顿，中央公园　1858 年，建筑师奥姆斯特德和沃克斯参加了曼哈顿中央公园设计大赛。当时，奥姆斯特德 36 岁，居住于斯塔滕岛，之前种过地，还是一位出版商（可惜，出版业务失败了）。沃克斯 34 岁，是一位训练有素的英国建筑师，曾经迁居纽约，进行设计实习。这两个人首次合作，进行公园设计。令人惊讶的是，因为当时美国没有专门用于休闲娱乐的大型公园，所以奥姆斯特德和沃克斯并没有"先例"可供参考。在设计大赛上，他们运用专业知识，展示了对这个待建公园的认识，并且论述了作为项目负责人自己应承担的职责，为此，他们精心准备了三个月。最终，他们的设计方案在 33 个方案中成功胜出，而这也决定了曼哈顿岛中央这块大型矩形区域的命运。[14]

根据奥姆斯特德和沃克斯的设计方案，当地进行了一系列工程：改造土地，建造湖泊和池塘，引入全新的人车交通系统。虽然游客普遍认为曼哈顿中央公园比较"原生态"，真实地反映了曼哈顿的自然景观，但事实上，建筑师做了大量的空间改造工作：外露岩石是原始景观的唯一遗迹。4000 名工人使用镐、铁锤、铲子和 166 吨火药，切割了 3 万多立方米的岩石，挖掘、搬运近 250 万立方米的泥土、3.5 万桶水泥、6.5 万立方米的砾石等，种植了 27 万棵树木和灌木。[15] 在建造期间，奥姆斯特德和沃克斯仔细研究、精心设计了几百个细节。由此，曼哈顿中央公园在 150 多年来一直处于良好的运营状态。

纽约，曼哈顿，中央公园（2011 年）
裸露的岩石和巨石是该公园最原始的自然景观
（亚历山大·加文　摄）

1872 年，即曼哈顿中央公园正式开放十年后，一个星期天，7 万名纽约人（当时，纽约共有 94 万名市民，他们大多住在曼哈顿下城区）组织了一个公共活动：步行至少 5 千米，从曼哈顿中央公园的一头走到另一头；与此同时，一些人乘马车沿途监督。[16]2014 年 5 月的一天，天气晴朗，20 多万人来到曼哈顿中央公园集会。[17] 由此可见，该公园已成为高密度城市的一个重要活动区，城市常住人口是公园初建时的 9 倍。虽然城市规模迅速扩张，人口数量急剧增加，人们的需求不断变化，但人们在曼哈顿中央公园里从事的活动与一个多世纪之前并没有太大分别。

纽约, 曼哈顿, 中央公园（2014年）
该公园每天"招待"成千上万名
游客, 这一数字远远超过它初建
之时
（亚历山大·加文　摄）

我漫步于曼哈顿中央公园, 看到人们攀爬裸露的岩石、躺在草坪上、在树荫下散步、坐在长椅上、在湖里划船等。人们享受休闲的乐趣, 这一点在1862 年和2016 年并无多大分别。孩子们欢快地玩呼啦圈、玩滑板、练瑜伽、掷骰子, 这些游戏在我小时候都没有听说过。曼哈顿中央公园初建时, 建筑师无法预料这些现代娱乐活动, 但曼哈顿中央公园具有很强的适应能力, 或许在22 世纪, 又有了新的游戏, 这里又会是另一番景象。

曼哈顿中央公园备受欢迎，得益于三个原因：第一，自然景观美丽且迷人，公园方便进入，可供人们开展休闲娱乐活动；第二，各种设施（比如小径、草坪和装饰性铺装）功能多元，数量足够多，面积足够大，人人均可使用，不会发生冲突；第三，人们可通过三部分人车道路系统轻松地进入各种空间，该道路系统分为人行动线和车行动线。

1　四条穿过城市的东西向要道下沉至地面和景观之下，使区域性交通动线横穿公园时，不引人注意，不干扰人们的活动。

2　不便进入的独立环路最初专用于四轮马车，直到最近才允许机动车横穿公园，但不与区域要道相交，自行车骑行者可随意穿行。

3　功能丰富且方便的人行道将休闲娱乐空间连接在一起；得益于一座座人行天桥和一条条地下通道，人们行走途中可避免发生车辆碰撞事故。

中央公园

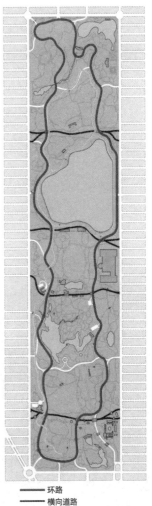

—— 环路
—— 横向道路
---- 车马道
▨ 建筑
▨ 水系

曼哈顿中央公园的人车道路系统包括交通动线（环路和横向道路）、专用的车马道，以及为避免行人与车辆发生碰撞事故的地下通道和人行天桥
（约书亚·普莱斯，亚历山大·加文 绘）

绵羊草坪，中央公园（2014年）游客在公园里放松身心
（亚历山大·加文 摄）

奥姆斯特德和沃克斯根据不同的地形条件建造了不同的景观目的地，为人们的社交活动提供了大量空间。曼哈顿中央公园的体育场、草坪、湖泊、可乘凉的树林和游乐场相互交错，从一个地方步行几米便可以来到另一个地方。总而言之，曼哈顿中央公园的规划设计最大程度地丰富了人们在公园里的"选择权"，使公园极具吸引力、便于进入、易于使用、足够宽敞，可供休闲娱乐之用，可满足人们的需求。

与曼哈顿中央公园类似，格拉西亚大街在巴塞罗那也十分著名，是当地首屈一指的购物街。然而，不同之处是，曼哈顿中央公园足够大，便于为成百上千名使用者提供丰富的空间；而格拉西亚大街相对狭小，要完成与曼哈顿中央公园相同的"任务"实属不易。因此，格拉西亚大街需要打造一个空间，以便容纳不同类型的公共活动。

西班牙，巴塞罗那，格拉西亚大街（2013 年）
街道包括独立的区域，供存放摩托车、自行车，车辆在此卸货，还有一些地下停车场
（亚历山大·加文　摄）

巴塞罗那，格拉西亚大街　一提到巴塞罗那，人们通常会想起该城市中最著名的街道——兰布拉大道以及大道上疯狂的人群。此外，格拉西亚大街也颇为著名，很多人漫步在这条热闹繁荣且优雅文明的街道上。格拉西亚大街的一大特色是丰富的街头活动，使其成为一个令人愉悦的观光、游览场所。这得益于宽 61 米的街道[18]，为社交和商业活动提供了大量空间，从而增强了人们街头畅游的轻松感，而不干扰他人。而兰布拉大道最狭窄的地方仅有 22 米，人流拥挤。[19] 不够宽敞的城市公共空间很难容纳不同的街头活动（比如，哥本哈根的城市街道，参见第 8 章），人们挤在较窄的街道上，推着婴儿车、开车、骑自行车、在咖啡厅吃午餐、户外散步等。总之，人们不断调整自己的行为，以便腾出足够的活动空间。

西班牙，巴塞罗那，格拉西亚大街（2013 年）
街头布局合理，减少冲突，可举行各种备受欢迎的活动
（亚历山大·加文　摄）

巴塞罗那的城市规划部门在设计时没有"我行我素",而是让设计尽量适应格拉西亚大街上的人群及活动。比如,宽 11 米的人行道起始于建筑红线,两边配备了舒服的长椅。在人行道边缘设置了用于停放摩托车和自行车的区域、辅路、可斜角停放出租车和送货车辆的小巷,以及车辆和行人进入地下停车场的小巷,并且栽种了树木,绿树成荫。此外,新建了一条人行道、一条公交车道和五条电车道,整洁而有序。数百人可以同时走在宽敞的人行道上,而不会相互碰撞。基于此,格拉西亚大街吸引了大批用户,人们来这里做自己的事情,街头生活变得丰富多彩。

格拉西亚大街非常便捷,这是它的一大吸引力。街道上有很多高端店铺,一些著名建筑物屹立在周边,比如安东尼·高迪的米拉公寓(也称"米拉之家")。格拉西亚大街这样的街道好像是巴塞罗那城市景观的一个缩影,当地人和外国游客在这里一逛就是几小时。

改造未充分利用的城市公共空间,更好地服务公众

在那些公共空间尚未被开发的城市,找一大片场地来建个中央公园,是比较容易的。然而,在那些已建造公共空间且人口密集的城市,新建公共空间并非易事。其实,让城市公共空间"焕然一新"并非只能新建,在原有基础上加以改造也是个好办法,格拉西亚大街便是一个例子。

波兰,克拉科夫,抹大拉的玛丽亚广场(2007 年)
小广场上七个男孩正在进行滑板比赛
(亚历山大·加文　摄)

很多时候，把城市中那些未充分利用的公共空间好好改造一下，即使是小规模的转变也会产生令人意想不到的效果。城市居民经常无意识地对城市公共空间进行一些"干预"，这些行为并不是为了牟利。比如，店铺业主和商人联合附近居民一起改造城市公共空间，有时政府也会参与其中，他们在小小的地块中融入新的创意，而这些小型地块可以作为城市公共空间的一部分。

20 世纪早期，休闲娱乐设施实现了批量生产，因此，很多城市公共空间新建了游乐场，配备了休闲娱乐设施。这些游乐场供孩子们玩乐。20 世纪末，孩子和成年人的休闲娱乐活动已不局限于游乐场，他们带着自己的设施设备——呼啦圈、滑板、飞盘和其他受欢迎的器械，来到城市公共空间的任何地方。比如，在波兰克拉科夫，我看到十几岁的男孩们将小广场未使用的角落变成了"滑板竞技场"。

多伦多，罗克韦尔幻想游乐场（2014 年）
孩子们将轻型聚乙烯泡沫塑料器械摆放在一起，在管理人员的带领下，建造自己心目中的小世界（亚历山大·加文　摄）

建筑师大卫·罗克韦尔（David Rockwell）及其团队成员发挥创造力，将休闲娱乐融入城市公共空间的各个角落。罗克韦尔设计的游乐场配备了105件色彩明亮的聚乙烯泡沫器械，总重约113千克。这些器械可存放在一个盒子、两辆手推车或五个袋子里。孩子们将轻量的器械连接在一起或相互堆叠着带入游乐场，这是他们的"创意品"。相较于成年人，孩子们的想象力更加丰富，从而给城市公共空间注入新的活力。

让孩子们发挥想象力、创造力的游乐场是一个不超过0.002公顷的场地，比大型一居室公寓还要小。事实上，这样面积狭小的场地在很多城市中非常普遍，往往因为空间不足而被抛在一边。街道、广场或公园里这样的小空间完全可以利用起来，将其改造成小型游乐场。唯一的要求是，应配备安全管理人员，确保孩子们的人身安全，并且在不干扰成年人正常活动的前提下尽情玩耍。

商铺店主，特别是酒吧和餐馆的老板，经常觉得空间不够用，于是占用店铺前方的人行道，以此吸引更多顾客、增加收益。阿姆斯特丹的店铺老板们十分聪明，懂得将那些未充分利用的边边角角"变废为宝"。比如，店主在国王运河河畔和其他未使用区域的狭窄边缘摆放桌椅，人们可坐下来聊天、喝咖啡、喝啤酒。

阿姆斯特丹，国王运河（2006年）普利策咖啡厅的周边配备了桌椅和小花盆，顾客们在小型人行道上边喝咖啡、边聊天。普利策咖啡厅已成为城市公共空间中的一方小天地
（亚历山大·加文　摄）

阿姆斯特丹，斯波伦堡区（2013年）
孩子们在公共空间的小角落玩耍，这里曾经是一片未充分利用的街区
（亚历山大·加文　摄）

阿姆斯特丹的政府工作人员与商铺店主一样具有创造力。在斯波伦堡区，他们将街道末端打造成游乐场，在未被利用的巷道空间增建了儿童游乐设施，从而形成了很多城市公共空间，并且备受欢迎。相似地，芝加哥政府制订了一个名为"为人们让路"的计划，将街道、停车位、广场和小巷的部分空间转化为社区资产。[20]

其他城市的做法也比较类似。一些城市政府纷纷做"让人们高兴"的事情。前纽约市交通局局长珍妮特·萨迪克－汗（Janette Sadik-Khan，任期为2007—2013年）启动了一个大型计划，即为自行车骑行者和行人重新调整街道布局。该计划涉及几个不同的街区，将禁止机动车辆行驶的区域围合起来，在评估的基础上做一些必要的调整，然后对路面进行永久性的变更。

曼哈顿百老汇的部分街区是最早开始该计划的一个地方。2008年，麦迪逊广场旁边的一个三角形广场，一改原来"光秃秃"的样子，添置了很多供行人使用的桌椅。据萨迪克－汗解释，百老汇的"行人工程"旨在将广场"放回"麦迪逊广场。[21]纽约各地的社区领导者纷纷效仿，想把各自社区中的广场按照这种形式修缮一下。事实证明，当地居民非常认可并赞同该计划。2013年，纽约园艺学会成立了邻里广场合作社，旨在帮助社区居民将街区进行整合并转变为广场。邻里广场合作社在当地居民的支持下，截至2015年，已完工的街区广场有49个，另外22个处于规划设计阶段。[22]

纽约，皇后区，科罗纳广场（2013年）
在城市交通部门的帮助下，之前一块未被充分利用的三角形区域现在变成了"绿色广场活动"的举办地，各种商品琳琅满目。此外，这里也是成年人的休闲聚集地和孩子们的游乐场
（亚历山大·加文　摄）

科罗纳广场是"大刀阔斧地改造城市公共空间"的典型范例。这里是在几条街道与曼哈顿和皇后区之间运行的七号高架轻轨线路交叉点的三角停车场。因为周边社区中的很多人来这里搭乘轻轨，所以人流较多，沿街商店挤满了顾客。当地社区居民和商铺店主在看到其他街区广场的成功改造之后也行动起来，把停车场改造成广场。他们得到了皇后区博物馆、皇后区经济发展公司、市议会议员和皇后区社区委员会的支持，并且大通银行向其捐赠了 80 万美元。[23] 改造后的科罗纳广场于 2013 年对外开放，大获成功。广场上每星期举办一次"绿色广场活动"，售卖各种新鲜的农产品。很多人携亲朋好友来这里选购，就算不买，逛一逛、聊一聊也很愉快。成年人坐在桌椅上交谈，孩子们在树木和花丛中玩耍。

大量人流

科罗纳广场是一个非常成功的城市公共空间，人流密集并且人们在广场上
做着自己的事情。那么，问题来了：城市如何吸引足够多的人呢？简·雅
各布斯在《美国大城市的死与生》一书中指出，合格的城市具有以下几个
要素：人口密度较高，建筑物功能多元，既有年代久远的也有新建不久的。
只有这样的城市才能吸引足够多的人，始终确保公共空间充满活力。[24] 下
一章将阐释伟大的城市公共空间如何吸引并保持市场需求。

加利福尼亚州，圣塔莫尼卡，第三步行街（2011 年）
（亚历山大 · 加文　摄）

吸引并保持市场需求

伟大的城市公共空间如何吸引并保持市场需求？不必遍访不同的城市公共空间，便可知道这个问题的答案。备受欢迎的城市公共空间总是吸引人们从附近和较远的地方前来。这些人可能是有意向在附近创办企业的客户，而未来这些企业可能成为城市公共空间的土地所有权人。时机成熟时，有些房地产开发商就会谋划着盖房扩地。建筑物盖好之后，房地产开发商将不同的空间出售、出租给业主或商户，人们可以居住、经商，从而产生了不同的市场需求，不同的活动在这里进行着，从而带动了区域的发展。这也是城市化的过程。

随着城市公共空间以及供排水管道、公共设施和交通运输等基础设施的不断完善，私人开发项目的成本不断降低，取得了良好的收益。尚未开发的区域成为热门场所，商铺进驻，新建住宅，从而人气攀升，人们来购物、休闲娱乐、做生意、与朋友聚会等。人流不断，需求增加，相关部门及商铺老板、建筑物的业主们便会不断地改进城市公共空间，这是一个良性循环。

人们使用城市公共空间，在这里消磨时光的同时不可避免地要消费，这就给附近的商铺带来了更多的收益。可用的街区越来越多，人们纷纷前往居住、工作、购物，市场需求增加了，房地产开发商便更加积极地"开疆拓土"。此外，得益于不断增加的市场需求，周边社区保持活力，不会随着岁月的流逝而日益衰退。

理查德·佛罗里达（Richard Florida）在《创意阶层的崛起》一书中提到："充满创意的城市可吸引广大的创意阶层，这些人充满想象力和创造力，用各种新奇的点子改变着世界。"[1]不可否认，创意阶层在城市建设方面发挥着重要作用，但无论他们多么聪明，多么富有天赋，伟大的城市是城市全体居民的产物，这份功劳不专属于某一个阶层、某一类人。然而，我认为佛罗里达的观点是正确的，即伟大的城市需要与之相配套的环境——广泛的社会、文化和经济刺激……不同阶层的人干着不同的工作，过着不同的生活。[2]在此基础上，我补充一点，伟大的城市公共空间需要几代人的不断完善：一方面，人们享受着城市公共空间带来的"福利"；另一方面，积极地改造，使其吸引并保持市场需求。

本章将介绍市场需求与城市公共空间的相互关系。在城市公共空间，政府不是被动的旁观者，而是推动市场需求的推动力。因为政府对大多数公园、广场和街道拥有所有权，并且负责管理和维护工作。随着时间的推移，政府可能需要扩建城市公共空间，以便适应不断增长的市场需求或重新定位城市公共空间，保留现有的市场需求或吸引更多的用户。20世纪60年代，加利福尼亚州圣塔莫尼卡等城市对现有的城市公共空间加大了投资力度，以便推动商业活动、创造就业机会、增加政府税收。

加利福尼亚州，圣塔莫尼卡，第三步行街（20 世纪 30 年代）
20 世纪 30 年代，该街道上的道路中规中矩，对角停车位服务于停靠的车辆
（圣塔莫尼卡历史学会）

多年来，圣塔莫尼卡第三步行街经过数次改造，每一次改造都是为了满足市场需求。第三步行街于 20 世纪初开始初步转型，当时汽车制造业发达，私家车走进千家万户，因此停车需求大增。此次街道改造是为了给私家车腾出空间。不过，私家车盛行的情景在 1965 年发生了反转。百老汇和威尔希尔大道之间的三个街区禁止车辆通行，把两侧建筑物之间的空间改造成一个行人友好型的广场，广场中央有一排排露天的零售商铺，这种模式之后在南加州流行开来。在第三步行街两侧新建了六个车库，共有 2600 个停车位，可满足商铺顾客的停车需求。[3]

加利福尼亚州，圣塔莫尼卡，购
物中心（1979 年）
这里是当地一个备受欢迎的购物
场所
（亚历山大·加文　摄）

虽然第三步行街上的商业活动比较繁荣，但当地社区领导者认为，南加州
新建了一系列购物中心，各自配有空调，采光充足，而第三步行街与之相
比难免逊色。 1972 年，圣塔莫尼卡城市重建机构在第三步行街的南端，
即圣塔莫尼卡高速公路附近，规划了一片区域。该机构认为，在这里建造
一个现代时尚且设施完备的购物中心，以便吸引足够多的人来到圣塔莫尼
卡。两个最成功的购物中心开发公司（劳斯公司和哈恩公司）确立了合作
关系，一同开发该项目。

1980 年，该项目完工，商场命名为"圣塔莫尼卡购物中心"，对外开放后
取得了巨大的成功。这个三层商场中共有 120 间店铺，设施完备，配有空调，
停车场可容纳 2000 多辆汽车，迅速成为全美收入排名第 15 位的购物中心。
来这里的人越来越多，而第三步行街上的零售商铺备受冷落。商铺老板们
生意受挫，纷纷停止投资，将商品转为低价物品，搬迁或停业。

20 世纪 80 年代中期，布莱恩特公园公司负责对圣塔莫尼卡第三步行街及
其公共空间进行改造。当地政府负责对第三步行街实施管理，提供公共服务，
组织各种活动，帮助第三步行街成功地实现了转型。之后，其他城市纷纷
效仿，比如丹佛和匹兹堡。[4] 21 世纪初，很多游客来到圣塔莫尼卡，径直
前往第三步行街。当然，最吸引他们的是购物。

马赛里奇（Macerich）是圣塔莫尼卡多个大型购物中心的所有权人。他认
为，第三步行街零售商铺的顾客缓慢流失，这是一个不可错失的好机会。
他购买了多家零售商铺，目的很明确，将它们整合成一个高档的零售综合体，
并且让热闹的圣塔莫尼卡购物中心"反哺"萧条的零售商铺。一系列工程
包括：拆除将零售商铺与户外长廊隔离开来的墙壁和大门，重新铺设商铺
地面，使不同的零售商铺在视觉上连在一起。这些零售商铺在重新设计、
重新配置后于 2010 年对外开放。由此，第三步行街成为圣塔莫尼卡四大
城市公共空间的其中之一，是圣塔莫尼卡和洛杉矶西部区域最受欢迎的一
大旅游目的地。

加利福尼亚州，圣塔莫尼卡，第
三步行街（2011 年）
得益于 30 年大规模的改造，第
三步行街成为一个备受欢迎的购
物场所
（亚历山大·加文 摄）

加利福尼亚州，圣塔莫尼卡，第三步行街（2015 年）
改造后的第三步行街吸引了更多的人，设施完备，人们吹着空调，快乐地购物
（亚历山大·加文　摄）

第三步行街的案例充分说明，政府、商铺店主与社区居民在改造城市公共空间方面起到了相辅相成的作用。同时，政府有时在运营、管理城市公共空间时可能考虑得不周全，甚至犯错误。政府关注的焦点是提供公共服务、规范公共活动、筹措资金，商铺店主主要关注市场需求和商业活动，而社区居民关注周边环境是否宜人、能否满足生活需求。这三方主体往往能够相互促进，从不同的角度更好地完善城市公共空间。

利用城市公共空间，激活私人开发项目

政府对欠发达地区的公共建设往往更加成功，因为这些区域好像"处女地"，当地居民和商铺对区域建设大力支持。通常政府首先建造城市公共空间的重点区域，即最有可能吸引人群、刺激市场需求的地方，并且在那里吸引私人投资。比如，巴黎孚日广场的发展得益于不断增加的市场需求。伦敦摄政公园以及美国的很多城市公共空间（比如加利福尼亚州尔湾、得克萨斯州舒格兰和弗吉尼亚州雷斯顿的城市公共空间）都是由私人房地产开发商建造的。

巴黎，孚日广场　孚日广场始建于 17 世纪初。当时，巴黎的城市公共空间由乱糟糟的网格小巷、胡同和扭曲的街道组成，街区非常狭窄，单行道上仅能容纳一辆马车。相反地，巴黎还有很多奢华的花园和大型建筑物，但这些都是私人所有，开放空间较小，与对公众开放的狭窄街区形成了鲜明的对比。

亨利四世国王（Henri IV）认为，开发城市欠发达区域的最佳办法是在巴黎旧城区中建造城市公共空间，吸引大量人流。1604 年，国王宣布新建一个长达 143 米的广场——皇家广场，在 1800 年改名为孚日广场。国王召集六位最富有的房地产开发商，为他们分配了新广场北侧的土地，赋予他们贵族头衔，并且提供一系列免税政策。作为交换，他们必须建造车间、为工人提供住房，并制造丝绸。[5] 而其他三面的土地所有权则由国家转让给那些愿意修建带有纵深拱廊的住宅楼的人们，这些拱廊为公众提供了通往底层商店的通道。

巴黎，孚日广场（2014 年）
（亚历山大·加文　摄）

巴黎，孚日广场（1600 年）
起初，孚日广场上几乎没有植被
［节选自《亨利四世时期的巴黎》，希拉里·巴隆（Hillary Ballon），麻省理工学院出版社，剑桥，1991 年］

启动丝绸业的尝试花了三年还是失败了，取而代之的是，房地产开发商在孚日广场的周围盖起了住宅，不断增加的人口刺激了市场需求。城市公共空间渐渐地热闹起来。孚日广场有 143 米长 [6]，起初，广场上比较空旷，除了沙子好像一无所有，居民们建起围栏，限制车流穿过广场。1639 年，广场中央建造了一尊路易十三骑马雕像。该雕像在法国大革命期间被烧毁，波旁王朝复辟（1814—1830）期间重新建造了一个仿制品，并且在广场四角安装了装饰性的喷泉。

正如亨利四世国王所说，孚日广场美化了城市，为节日庆典和休闲娱乐活动提供了场地，是巴黎一个重要的大型公共空间。[7] 之后，仿效孚日广场，巴黎陆续建造了太子广场（1607 年）、胜利广场（1692 年）和旺多姆广场（1699 年）。巴黎的人口数量迅速增加，每个广场周边的住宅供不应求，房地产开发商忙碌起来。新建广场及其周边地区十分火爆，甚至超过了市中心。孚日广场带动了周围社区的发展，其中以玛莱区最为知名。然而，三个世纪以后，孚日广场日渐萧条，改造工程开始了。

孚日广场的复兴　19 世纪，孚日广场及玛莱区一直大名鼎鼎，然而，到了 19 世纪末，孚日广场开始衰败。在第二次世界大战结束之后，该社区中工人阶级占主导地位，政府和当地居民对城市公共空间进行了一系列的改造，使孚日广场重新焕发了生机。

1964 年，在法国文化部长安德烈·马尔罗（André Malraux）的推动下，法国政府将玛莱区列为巴黎首个历史文化街区。几年后，政府对孚日广场进行了大规模的整修：在路易十三雕像的周边栽种了美丽的栗子树，将广场边缘的椴树移至中央，在广场上配备了长凳和游乐器材，人们可坐在长凳上观景、聊天，孩子们可使用这些游乐器材来玩耍。[8]此外，政府回收并修复了社区内的一些豪宅，将其改造成博物馆。

巴黎，孚日广场（2014 年）
20 世纪末，经过改造的孚日广场愈发受到人们的欢迎
（亚历山大·加文　摄）

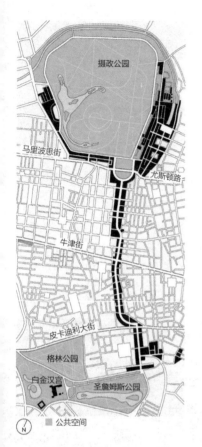

公共空间

伦敦，摄政公园和圣詹姆斯公园
约翰·纳什爵士设计了摄政街，
将摄政公园与其南面的公园连接
在一起
（瑞恩·萨尔瓦多、亚历山大·加
文 绘）

一些人很有远见，在孚日广场周边抢购了住宅。很多商人以及咖啡厅和餐厅经营者见这里的居民越来越多，市场需求旺盛，纷纷在孚日广场的拱廊以及周边街道上租下店铺，为人们供应精美的餐点、优质的葡萄酒、时尚的服装和家具。平时，人们来孚日广场聊天、休息，孩子们在树荫下嬉戏。与孚日广场的做法类似，19世纪上半叶，伦敦政府回收了一些皇家土地，建造了很多公园，最著名的是摄政公园。

伦敦，摄政公园 摄政王［后来成为乔治四世国王（George Ⅳ）］在伦敦市中心以北拥有202公顷的土地（摄政公园的雏形）。1811年以前，这片土地租给了用来放牧牛和种植干草的农民。[9] 摄政王决定将该区域改成一个大型公园，以便增加皇室收入。

在摄政王的要求下，1810年，建筑师兼开发商约翰·纳什爵士（Sir John Nash）针对160公顷的土地拟定了一个综合方案，该方案涵盖摄政公园及其周边的土地以及由新建街道（摄政街）相连接的南部开发区。后来，纳什还针对圣詹姆斯公园和摄政街南端的区域制订了土地开发方案。[10]

伦敦，郁郁葱葱的摄政公园
（2014年）
（亚历山大·加文 摄）

伦敦，坎伯兰郡排屋和摄政公园
（2014 年）
在每个排屋（复合公寓大楼）和
摄政公园之间的街道上，建造
了封闭式的休闲娱乐空间，供人
们使用。摄政公园布局巧妙，居
民从坎伯兰郡排屋的窗户向外眺
望，摄政公园就像一个私家花园，
掩映在浓郁的乡土氛围中
（亚历山大·加文　摄）

纳什在面朝摄政公园的土地上开发了大约 30 个住宅项目，其中包括称为排
屋的长条行列式房屋。这些排屋相互连接，面朝封闭的摄政公园。每间排
屋拥有豪华的外观，仿佛一座座宫殿。住户通过自家的窗户向外眺望，将
户外美丽的摄政公园尽收眼底。

在纳什的带动下，房地产开发商纷纷对摄政公园附近的土地进行规划和建
设。截至 1851 年，政府收回了摄政公园和伦敦其他皇家公园的管理权，
城市公园得到充分发展。

巴黎，福熙大街　路易·拿破仑三世（Louis Napoleon III，1848—1852）
对伦敦的皇家公园非常熟悉，因为他在那里度过了大部分的流亡时光。他住
在面朝圣詹姆斯公园的纳什排屋里。重新执政之后，拿破仑三世借鉴了摄政
公园和伦敦其他皇家公园的做法，向巴黎市捐赠了占地 846 公顷、位于巴
黎西郊的布洛涅森林豪宅，这片区域类似于伦敦北部已开发成摄政公园的地
块。拿破仑三世计划在这里建造一个刺激市场需求的公园[11]，同时规划周边
路网，完善市政交通，吸引人们搬到巴黎郊区，从而带动郊区的发展。

巴黎，福熙大街（1872 年）
巴黎漫步大道的总工程师和景
观设计师让·查尔斯·阿方德
（Jean-Charles Alphand）参
与了福熙大街的建设工作，并且
负责景观装饰工作（巴黎漫步大
道，2002 年）

1852 年，拿破仑三世下令新建一条主干道，自凯旋门西侧通向布洛涅森林
（Bois de Boulogne）中建造的新公园。他委托建筑师雅克·伊格纳茨·希
托夫（Jacques-Ignace Hittorff）设计皇后大道，该大道是为了纪念他的
妻子欧仁妮（Eugenie）皇后，因此务必要尽善尽美，令人印象深刻。

1853 年，拿破仑三世针对皇后大道的建设采取了一系列措施，这些措施后
来在整个巴黎产生了深远的影响：任命巴黎地方执行长官男爵乔治·欧仁·奥
斯曼（Georges-Eugène Haussmann）（1809—1891）为塞纳河地方
执行长官，全权负责皇后大道建设工程，把该工程当成第一要务。起初，
希托夫设计的林荫大道宽 40 米，但拿破仑三世并不满意，他大喊："不，
我要三倍！"因此，林荫大道扩宽为 120 米，并且在道路两侧建造了一个
宽 32 米的草坪，栽种大量树木。[12] 一年后，1200 米长、120 米宽的林荫
大道对外开放。[13]

拿破仑三世提出的街道计划十分庞大。在建造林荫大道之后，奥斯曼和同事们开始建造与林荫大道相连接的街区（连同其横穿的整个第十六区），力求将其打造成巴黎最昂贵、最独特的住宅区。[14] 林荫大道通往布洛涅森林公园，景色迷人，其前方的住宅区拥有得天独厚的地理优势。街道两边建造了多个高级公寓，林荫大道历经数次更名，直到 1929 年最终命名为福熙大街。至今，福熙大街仍然颇为著名，两侧整齐地排列着大厦、联排别墅和高级、奢华的公寓。

巴黎，福熙大街（2006 年）
得益于中央巷道两旁的绿色空间和毗邻的布洛涅森林公园，福熙大街成为巴黎最具吸引力的一个地方
（亚历山大·加文 摄）

巴黎，福熙大街（2006 年）
与福熙大街相连的绿岛成为一个休闲娱乐区，备受附近居民的欢迎
（亚历山大·加文 摄）

扩建城市公共空间，以便满足日益增加的市场需求

那些新型住宅或商品住宅市场需求非常旺盛的城市，应当对城市公共空间加大投资力度，以便满足市场需求，推动城市的发展。福熙大街和布洛涅森林公园就是很好的例子，它们的建成极大地推动了城市中欠发达区域的发展。原因很简单：政府联合房地产开发商，对原本空旷、荒凉的土地进行投资，并且激活周边的欠发达区域。然而，在比较发达、设施完备的城市中扩建城市公共空间要难得多，涉及的拆迁工作非常复杂。比如 19 世纪，巴黎为了扩建街道和广场，清空了很多住宅区；20 世纪初，芝加哥也面临市场需求不断增加的问题，因此建造了连接南北密歇根大道的桥梁，使附近区域对房地产开发商更具吸引力。

巴黎市中心，现代化的城市中心　19 世纪中叶，巴黎的人口超过 100 万人，需要建造一个庞大的城市公共空间。[15] 在奥斯曼成为塞纳河地方行政长官之前，巴黎已开始筹划建造一个城市公共空间，初步命名为巴黎大堂。[16] 巴黎大堂的建设需要占用私人土地，遣散附近的居民并拆除现有建筑物。然而，根据法律规定，通过占用私人土地来建造城市公共空间，这个过程非常复杂。在动工前，拿破仑三世政府以及奥斯曼必须编制并公布重建计划，并且征得内政部长、国家部委、国务委员会、国民议会、巴黎市议会和区域（尤其是受到施工影响的区域）委员会的同意。上述部门对土地的征收和赔偿进行评估，由法院进行批复，针对目标土地确定最终的支付价格。[17] 因此，巴黎大堂的建造过程历经重重困难。

巴黎圣母院（2014 年）
大多数人特别是游客，认为这个开
放空间是专门为了巴黎圣母院而建
造的，其实该区域同时为巴黎警察
总部和医院提供了场地
（亚历山大·加文　摄）

巴黎中心市场

圣墨巴斯蒂安安天道

里沃利街

法院

市政厅

巴黎医院

巴黎市中心
警察局

巴黎圣母院

圣日尔曼大道

圣米歇尔大道

巴黎大学

巴黎市中心（改造后）
在奥斯曼的指导下，巴黎市中心得以顺利
改造，这里是巴黎中央行政区、警察总部、
医院、司法部和巴黎大学的所在地
（欧文·豪利特、亚历山大·加文　绘）

奥斯曼计划在巴黎市中心建造一个广场或扩建巴黎圣母院前方的开放空间，将行政、司法、医疗和研究活动集中在城市中心，使巴黎成为"世界领先城市"和"名副其实的法国首都"。[18] 奥斯曼和同事们并没有拆除目标区域内的老旧房屋（始建于中世纪），而是建造了横穿这座城市的林荫大道，该大道连接着巴黎重要的目的地，并且交通便利，方便人们日常使用，周边有很多大型建筑物。

根据奥斯曼和同事们的规划，司法部、医院和警察总部大楼非常宏伟，周边新建了街道和广场，拓展了城市公共空间；横跨塞纳河的大桥将这些建筑物与城市中的其他地方连接在一起，组成一个更加庞大的城市公共空间。

1 新建的南北向街道——阿尔克莱大街非常宽敞，纵贯南北，通过一座新建的桥梁，连接着塞纳河两岸。

2 扩宽了两条南北向主干道：城市大道和皇宫大道。

3 新建了三个广场：① 帕尔维斯广场（Place du Parvis，通往巴黎圣母院、警察总部和医院）；② 鲁特斯广场（Rue de Lutece），用户基本上是司法部的员工和前来办事的人员；③ 路易·莱皮讷广场（Place Louis Lépine），本质上是一个花卉市场。

这个街道、广场和公共建筑的综合体完工之后很快受到律师、医生、公共行政人员和企业主的欢迎。他们来到巴黎市中心工作、游玩，或从事其他事务，因为这里交通便利，穿过桥梁，没多远便可到达城市中的其他目的地。

1800 年的巴黎街区（改造前）
正如该模型所示，巴黎的街道非
常狭窄，好像迷宫，人们在迷宫
里生活和工作，简直是一场噩梦
（亚历山大·加文 摄）

经过改造，巴黎老旧街区的治安有了很大的改善。奥斯曼曾经将老旧街区
比喻为"愚昧地带"，是"骗子、盗贼和杀人犯的避难所和聚集地，犯罪
率较高"。[19] 现今，情况大为好转。

芝加哥，北密歇根大道 与法国类似，美国地方政府若想征收私人土地来实
施公共建筑工程，需要采用正当的法律程序。之前巴黎的城市建设采用一
种比较综合的方式，并且取得了显著的效果。芝加哥受到巴黎的启发，于
1909 年实施了"芝加哥计划"。芝加哥是美国首个效仿巴黎城市建设的城
市，"芝加哥计划"是美国第一个城市建设领域极具影响力的计划。该计

划中最著名的是延长芝加哥河以北的密歇根大道，这对芝加哥北部城区的影响不亚于福熙大街对巴黎西部城区的影响。

芝加哥的城区主干道与福熙大街的结构有些类似。在福熙大街建成半个世纪以后，芝加哥计划将并不宽敞的主干道延伸至芝加哥河以北的已开发的地区。很多城市规划师提出建议，将芝加哥河两岸连接在一起。其中呼声最强烈的便是通过桥梁或隧道延伸密歇根大道，使其横跨芝加哥河，与河流以北的已开发的地区相连通。

芝加哥，拉什街桥（1900年）
这座桥梁在横越芝加哥河的每个方向上只有一条纵贯南北的交通单车道
（芝加哥历史博物馆）

1909 年，建筑师丹尼尔·伯纳姆（Daniel Burnham）和爱德华·班尼特（Edward Bennett）针对"芝加哥计划"中的新桥建设提出了建议。[20] 伯纳姆和班尼特建议建造一条宽阔的街道。与巴黎不同，芝加哥当时已经建造了很多宽阔的街道，在较宽的街道两侧，建筑相距 24 米；在较窄的街道两侧，建筑相距 20 米。芝加哥的街道在整个城市中均匀地分布开来。

在这些街道中，最重要的是与格兰特公园相连的密歇根大街。它的宽度达 39.6 米，比巴黎的一些林荫大道还要宽。然而，密歇根大道继续向北延伸，道路渐渐狭窄至 20 米，导致芝加哥河沿线交通堵塞，车辆被迫急转弯，然后爬上陡坡，到达拉什街桥。驾驶员历经一段艰苦跋涉之后发现桥梁在每个方向上只有一条车道。因此，这座桥梁被称为"世界上最拥挤的桥梁之一"。[21]

为了缓解噩梦般的交通，伯纳姆和班尼特建议拓宽密歇根大道，并将其延伸至拟建的横跨芝加哥河的新桥梁所在地。此外，他们还建议将桥梁另一端的松树街拓宽至 40 米，重新命名为北密歇根大道，该大道向北延伸至城市郊外。

虽然政府对该计划非常支持，但沿街居民表示反对，他们担心土地征用过程中自己的权益无法得到保障。从政府编制土地征用计划到市议会批准计划花费了四年时间，并且花费了三年多的时间来确定支付给居民的赔偿金。

在伯纳姆和班尼特的推动下，这座桥梁于 1920 年对外开放。不到十年，原先老旧的建筑物被地标性的瑞格利大厦（Wrigley Building，即箭牌大厦）、芝加哥论坛报大厦（Tribune Tower）以及其他大型建筑物所取代。新街道东西两旁空置的几个街区成为大型办公楼的所在地。20 世纪末，北密歇根大道成为美国中西部最重要的一条购物街。毗邻密歇根湖的低密度住宅区成为以"黄金海岸"著称的高级住宅区，如今是该市最豪华的建筑物。

第 128 页图：北密歇根大道的规划方案（1909 年）
伯纳姆和班尼特希望拓宽、延伸密歇根大道，使其与横跨芝加哥河的新桥梁连接在一起，组成北密歇根大道
（芝加哥历史博物馆）

芝加哥，北密歇根大道（2012年）
今天的北密歇根大道是芝加哥乃至美国中西部地区的一条大型购物街
（亚历山大·加文　摄）

桥梁和街道的建设刺激了当地的市场需求，房地产开发商和零售店主们纷纷在这里投资盖房、开店，带动了周边地区的人口增长和经济发展。1910年，项目建成之后，芝加哥的人口将近170万人；桥梁开放一年后，人口增加了50万人，总人口达到220万人；1930年，人口达到270万人。新建的桥梁和街道提供了城市公共空间，人们在这里生活、工作和购物。

根据市场需求，对城市公共空间进行重新定位

城市公共空间日渐萧条的原因有很多，大小、规模或规划设计等。这时需要对城市公共空间进行重新定位、加以改造，如孚日广场的改造缘于该地区人口增加和不断变化的市场需求。此外，城市公共空间的自有特征也可能成为限制其发展的原因。比如，克恩滕大街（维也纳的一条大型街道）比较狭窄且拥挤。因此，该大街重建了公共交通系统，使其可达性更强，并且禁止机动车通行，为行人腾出更多的空间，对街区重新构想、完善规划，提供更加全面的公共服务。再如，20 世纪 80 年代，曼哈顿布莱恩特公园对功能进行了重新定位，大大提高了安全性，丰富了用户的空间体验。

维也纳，克恩滕大街（1900 年）
（伊马戈　摄）

维也纳，克恩滕大街　维也纳的街道历史悠久，其修建的年代还未出现机动车。这与芝加哥的街道截然不同。芝加哥的街道多修建于 20 世纪，卡车、公交车和汽车在街道上川流不息。很多年过去了，维也纳在发展，人们的需求不断变化，而城市公共空间必须加以改造。维也纳迫切需要增加有效的公共交通工具，使更多的人前往商业区，在沿街店铺中购物，前往历史建筑物参观、游览。到 20 世纪 50 年代，维也纳的街道比较拥挤，汽车和行人混杂在一起，环境喧闹、嘈杂，因此街道损失了很多顾客，商铺或搬迁、或关门。

对此，维也纳城市管理者采取了三种措施：① 完善公共交通，提高可达性，方便更多的人前往克恩滕大街；② 改变街道的自然结构，使其更安全、更干净、更方便、更具吸引力；③ 提供其他公共服务，举行丰富多彩的街头活动。

市议会建议扩建拥有 70 年悠久历史的大都会铁路系统和地铁系统。1968 年，市议会决定创建一个长 30 千米的地下网络，称其为"地下铁"。最重要的站点是斯蒂芬广场站，位于克恩滕大街和格拉本大街的交会处，于 1978 年完工，数十万地铁用户可便利地前往这些街道，无须忍受道路交通的困扰。2013 年，"地下铁"延长了 78.8 千米，每天服务于 130 多万人。[22]

当然，克恩滕大街还得做些什么，以便改善街道条件，更好地服务于购物者和参观者。维也纳政府听取了美国建筑师兼城市规划师维克多·格伦（Victor Gruen）的建议。格伦与维也纳城市规划部门协商之后于 1971 年提交了报告，建议整个中央商务区内禁止车辆通行。[23] 格伦于 1956 年在得克萨斯州沃思堡市中心提出了类似的建议，但城市决策者并未认识到把商业区改造成行人专用区的好处。[24] 最终，维也纳没有完全执行格伦的计划，而是决定做个"试验"：自 1971 年 11 月起，克恩滕大街在工作日上午 10:30 至下午 7:30 禁止车辆通行，为期三个月。结果，"试验"取得了成功：在车辆禁行期间，克恩滕大街的用户数量迅速增加。

维也纳，克恩滕大街（2013年）
禁止车辆通行的克恩滕大街有足
够的空间来吸引大量"回头客"
（亚历山大·加文　摄）

在接下来的两年半时间里，维也纳继续改造城市公共空间，拆除了克恩滕大街和格拉本街的路缘石，重建了两条街道，将整个地区打造成一个连续的步行区，增加了树木、休息区、桌子、长凳、咖啡馆、照明设施和街头家具。克恩滕大街由此成为备受欢迎的步行目的地。1978 年，斯蒂芬广场地铁站开通后，克恩滕大街再次成为欧洲最优雅的购物街。

在接下来的三十年，维也纳城市公共空间不断完善。商品交付、街道清洁和街道维修在上午 10:30 之前完成，令人不快的噪声在游客抵达之前消失。在上午 11 点之前，送货的卡车连带着废气驶向远方。克恩滕大街和格拉本大街靠近城市歌剧院，附近是维也纳最好的酒店和餐馆，每天人流密集，人们乘坐公共交通工具涌入该地区，使克恩滕大街和格拉本大街充满活力。夜晚，欧洲很多繁华的商业街早就打烊了，但克恩滕大街和格拉本大街还是热闹非凡。克恩滕大街和格拉本大街始终是欧洲最成功的购物街。

维也纳，克恩滕大街（2013 年）地铁通向维也纳商业中心，克恩滕大街可服务于更多的街道用户（亚历山大·加文　摄）

纽约，布莱恩特公园　纽约布莱恩特公园的备受欢迎得益于良好的城市管理。该地区占地面积 3.6 公顷，想办法增加入园人数已不太可能，因为附近的交通比较拥堵，住宅区密集，这个区域变得愈发危险且令人生厌，以至很多人纷纷绕道。20 世纪 80 年代，纽约市政府同意将该公园的管理权转让给一个专业机构，对公园的规划设计进行了微小但卓有成效的调整，改变了行政管理方式。这些变化足以使布莱恩特公园成为曼哈顿市中心的一大景点。

布莱恩特公园连同纽约市第五大道和纽约市第四十二街上的纽约公共图书馆，取代了一个始建于 1899 年被克罗顿蓄水池占据的场地。20 世纪初，第六大道西侧高架铁路区非常嘈杂，严重扰民。1905 年，据《纽约时报》报道，公园草坪上撒满了纸张，人们七扭八歪地躺在长凳上。在 1921 年，每天晚上，四五百名男子在公园里闲逛、玩扑克、喝啤酒，在第二天早上离开后，公园看起来就像一个"洪水之后的垃圾场"。[25]20 世纪 30 年代，由于高架铁路被地铁所取代，公园本身被彻底翻新，但不幸的是，公园的翻新为其不久之后的衰落埋下了伏笔。

为了更好地维护树木和其他植被，用 1.2 米厚的土壤（从第六大道地铁站附近的挖掘工程中免费获取）将公园抬升。此外，在接下来的 40 年里，布莱恩特公园边缘的灌木丛逐渐茂密、壮大，以至街上的行人以及驾驶巡逻车的警察在公园外围根本看不到公园里的情景。[26]

纽约，曼哈顿，布莱恩特公园
（2008 年）
（亚历山大·加文　摄）

公园、街道和广场无法实现自身的良好运营。城市应当聘用必要的人员并投入足够的资金来实施管理和维护，否则公园、街道和广场的情况就会恶化。而在 20 世纪 70 年代，纽约市针对公园管理和维护的预算比 20 年前少了 1/5，并且削减了工作人员的数量。[27]

布莱恩特公园的养护和监管工作严重不足。当时负责公园改造的景观设计师劳里·奥林（Laurie Olin）这样描述布莱恩特公园："树木过度生长，土地被践踏至裸露，垃圾从污物桶中溢出，地上满是废弃的灯箱，灯已坏掉或不见踪影，路面亟待修复，树篱茂密丛生，十分混乱。"[28] 此外，布莱恩特公园及附近区域的犯罪率不断攀升，以至人们纷纷绕道而行。

20 世纪 80 年代，布莱恩特公园及附近区域每年有 900 多人被捕。附近的房地产开发商和企业主决定聘请丹尼尔·比德曼（Daniel Biedeerman，毕业于普林斯顿大学和哈佛商学院）和威廉·怀特（William H. Whyte，社会科学家，专攻"人类行为研究"，曾在街头、人行道、广场和公园里进行实地研究）与当地政府一同处理该公园的烂摊子。怀特解释道：在房地产开发商和企业主的眼中，布莱恩特公园已沦为"毒贩和歹徒"的巢穴，而且很多空间未被充分利用，因为墙壁、栅栏和灌木丛将其与街道分隔开来。人们看不见内部也看不见外部，公园因此成为吸引犯罪分子的区域。[29]比德曼和怀特建议采取一系列措施来吸引人流，比如拆除栅栏、砍伐灌木丛，沿街增加入口。

附近的房地产开发商和企业主联合公共机构（比如纽约公共图书馆），创建了布莱恩特公园公司，这是一家独立的非营利公共机构，以实施比德曼和怀特的建议，并且任命比德曼来管理该机构。布莱恩特公园公司由公园周边商户上缴的城市固定资产税提供资金支持。该公司在成立时寻求慈善捐款，每年预算达 21 万美元。在 2013 年，布莱恩特公园公司的预算已增长至 790 万美元，其中包括房地产税附加费 110 万美元、租金 250 万美元、赞助费用 150 万美元，以及用户费用和其他来源共 280 万美元。这 790 万美元主要用于环境卫生、安全管理、公共活动和基本设施项目。最重要的是，该公司共有 55 名专职员工照料这个频繁使用的城市公园。

纽约，曼哈顿，布莱恩特公园
（2014 年）
（亚历山大·加文　摄）

第 139 页图：纽约，曼哈顿，
布莱恩特公园（2010 年）
冬季，中央草坪上覆盖着溜冰场
（亚历山大·加文　摄）

布莱恩特公园公司在 1991 至 1995 年再次改造公园，将矮生植物取代簇叶丛生的灌木丛，使警察和路人能够从公园外围看到公园里的情景，降低了犯罪率。布莱恩特公园公司一直持续地改造公园，比如引入可吸引大量人流的新设施，组建一支确保公园安全、整洁和具有吸引力的管理团队。

2015 年，公园里的设施丰富多彩：餐厅，户外咖啡厅，"西南门廊"酒吧和烧烤架，售卖咖啡、三明治、冰淇淋及其他冷冻食品的报亭，户外图书馆，玩乒乓球、象棋和西洋双陆棋的桌子，法式滚球场与旋转木马。其余部分包括阳光下占地 0.4 公顷的露天草坪（在冬季变为溜冰场）、绿树成荫的漫步道，沿漫步道摆放着供人们聊天的可移动椅子和带伞的桌子。天气晴好时，公园里组织户外电影、溜冰、舞蹈表演、音乐会、瑜伽、太极拳、讲座、击剑、观鸟之旅、杂耍等活动。布莱恩特公园每天接待 3000 多人。改造之后的公园及附近区域，保安每天巡逻，犯罪率大大降低。2013 年全年，布莱恩特公园共发生了 17 起盗窃案件，相较于 20 世纪 80 年代该公园及附近区域每年有 900 多人被捕，情况好了很多。

布莱恩特公园的一系列改造（规划设计、附加设施、节目活动、维护和管理）促进了园区周边零售店和办公楼的发展。比如，该区域办公室的租金在 1990 至 2002 年翻了一番以上，超过了周边地区（中央车站周边的办公室租金增长率不到60%，洛克菲勒中心的办公室租金增长率不到45%）。由此，房地产开发商又新建了 26 公顷的办公空间。[30]

持续的投资

巴黎、伦敦、芝加哥、维也纳、纽约，以及本章讨论的其他大城市都加大了对城市公共空间的投资，激发了城市公共空间周边区域的市场需求。街道、广场和公园延伸至新的区域，被纳入更加广阔的城市路网，或被重新定位，以便满足人们的需求。伟大的城市公共空间必须具有足够的吸引力，吸引人流，使其愿意前往并驻足。同时，更多的人受益于城市公共空间、空间周边的企业乃至整个城市的发展。因此，只有不断地提升、优化城市公共空间，满足当代和未来的市场需求，才能使城市永葆繁荣。

巴黎，圣日耳曼林荫大道（2004 年）
（亚历山大·加文 摄）

俄罗斯，圣彼得堡，海军部（2014 年）
（亚历山大·加文　摄）

提供成功的城市框架

2014 年，我前往圣彼得堡，再次游览冬宫广场（Dvortsovaya Ploshchad）。我曾在 1959 年去过那里，当时俄罗斯人称这座城市为"列宁格勒"；1991 年又恢复原名为"圣彼得堡"；2004 年，圣彼得堡被普京总统誉为"宝石般的城市"。我爬上圣以撒大教堂的顶部俯拍城市，在这里看着金钟（海军部大楼）的尖塔，明白了伟大的城市公共空间是如何提供成功的城市框架的。

从圣彼得堡高处向下看，可看到穿过城市街道的人群，整座城市的轮廓变得愈发清晰。伟大的城市总能帮助人们确定方向，顺利地前往目的地，或沿路停下来处理各种意外事件，并且在城市公共空间里轻松地四处走动。

亚特兰大, 桃树街廊道 (2004年)
亚特兰大的城市框架沿桃树街的
脊线呈直线形演变
(亚历山大·加文　摄)

五个要素

凯文·林奇（Kevin Lynch）在《城市意象》一书中提出了"城市形象"
的五个要素：路径、边界、区域、节点和地标。[1] 这五个要素有助于了解城
市的基本框架。在此基础上，我们可以将它们组合成非常简单的几何图形，
采取轴向视野、放射同心圆图案或直线网格的形式。

城市的框架并非偶然出现的，它可能沿着交通繁忙的道路或当地的地形、地貌不断演变。比如，美国佐治亚州的亚特兰大、克罗地亚的杜布罗夫尼克旧城、意大利罗马或俄罗斯圣彼得堡，这些城市的基本框架由一组通过轴向道路巧妙连接的目的地组成，采取易于识别的几何形状；巴黎、维也纳和莫斯科有着放射形主干道相连接的同心圆，纽约、芝加哥以及其他美国城市的城市道路则呈直线网格形。

然而，确定城市框架并不是目的。城市框架可以模拟成通俗易懂的抽象几何图形，反映人们、货物和车辆的流动情况，从而决定消费模式和城市发展的方向。这些几何图形便于识别，比如曼哈顿的直线网格、通往圣彼得堡的金钟塔和维也纳环形大街上的斜向林荫大道。然而，正如上一章所述，无论采用何种几何图形，为了使城市保持良好的状态，居民和公共机构必须不断地改造城市公共空间，以便满足当前和未来的市场需求。

城市框架如果未得到妥善的管理和维护，就失去了塑造城市的能力，甚至可能阻碍城市的发展。本章将介绍莫斯科新阿尔巴特街和特维斯卡街曾经针对专用于车辆交通的城市公共空间做出了错误的规定，从而对街道生活产生了不利的影响；曼哈顿第三十四街减少了公共服务的支出，导致犯罪率升高和零售活动萧条，而区域改善型公司的建立不仅节省了城市在公共服务方面的开支，而且恢复了街道作为纽约零售和娱乐目的地所发挥的作用。

亚特兰大 亚特兰大街道系统缺乏易于识别的几何图形，有人开玩笑说，这个街道"企图令每个人混淆，特别是游客"。[2] 俯瞰亚特兰大，城市框架也令人困惑。乘飞机特别是直升飞机可看到，城市里的高层建筑分布在桃树街的两侧，山脊线沿着该地区最高的地方穿过城市。在地面上，70 条街道冠名"桃树"，易于混淆。[3] 桃树街廊道两侧分布的街区和地块均适应山脊这片高地。因此，亚特兰大的社区沿着山脊呈直线形分布，而不是像纽约或芝加哥那样呈网格状分布。

亚特兰大其他重要的景观元素包括废弃的铁路通道、环城的州际公路I-285
以及被阻断的从I-285到桃树街的放射形干道。不幸的是，除了火车或机
动车辆，人们均无法使用。更重要的是，它们是单功能要道，因此不能算
作城市公共空间的真正组成部分。

令人高兴的是，亚特兰大城市公共空间的另一个组成部分正在形成——亚
特兰大环线（曾经是环绕城市的货运铁路，正在转变成一个小路、公园和
街道的组合体）。现今，亚特兰大的城市规模不断扩大，而亚特兰大环线
正在重塑着这个大都会的方方面面（参见第10章）。

克罗地亚，杜布罗夫尼克旧城　亚特兰大城市公共空间的组织元素（主要街
道桃树街的直线形脊线，贯穿城市和郊区）是在杜布罗夫尼克旧城对面长
约305米直线形洼地上的主干道——史特拉顿大道（也称"普拉卡大道"）
的反面。史特拉顿大道平分了这个位于达尔马提亚海岸洼地的中世纪古城
（在11世纪末填充沼泽带之后形成），它将当前史特拉顿大道以南岛屿上
的城区与史特拉顿大道以北山丘上的城区分隔开来。1667年，一场地震摧
毁了这个堆填区，因此必须重建。

如今，史特拉顿大道从杜布罗夫尼克港口东岸延伸至西岸。地震后建成的
石灰石房屋，高度、宽度、外墙处理和室内布局基本相同。[4]商店和手工作
坊位于底层，住宅位于二层和三层。与桃树街一样，它是杜布罗夫尼克的
一条大型购物街，是当地居民和游客的聚集地。此外，垂直于史特拉顿大
道的狭窄街道几乎像肋骨一样有规律地间隔分布。北面的山坡上有陡峭的
台阶，而南面的山坡比较平缓，但随着进一步向南，地势逐渐陡峭起来。

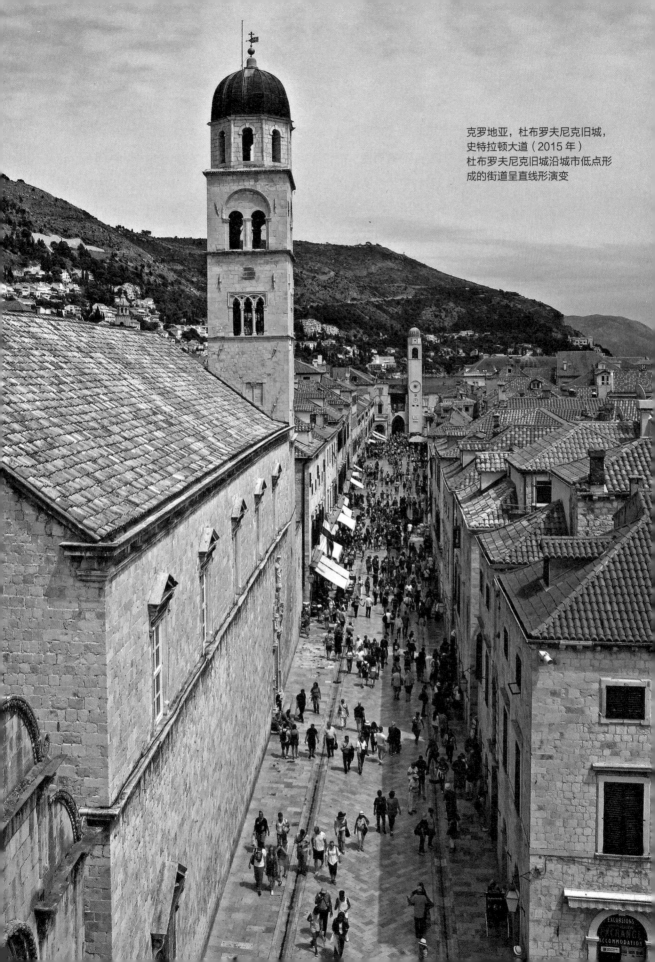

克罗地亚，杜布罗夫尼克旧城，
史特拉顿大道（2015 年）
杜布罗夫尼克旧城沿城市低点形
成的街道呈直线形演变

与亚特兰大不同的是，即使是杜布罗夫尼克的游客也可以理解当地城市公共空间的重要性：在城市中迷失方向是不可能的。在城里的任何地方都可以看到史特拉顿大道东端的钟楼和西端的教堂。城市公共空间的其余部分由直接通往史特拉顿大道或连接它们的几条东西向的狭窄街道组成。罗马、巴黎、莫斯科以及本章讨论的其他国际大都会是杜布罗夫尼克旧城的几倍大，但它们受益于相同的城市框架。

罗马　罗马的街道布局采用非常有趣的轴向方式，以方便当地居民和游客。相比单一的通道，如桃树街或史特拉顿大道，城市中大部分伟大的街道起初作为通往大教堂的干道，如圣彼得大教堂。1585 年，希克斯图斯五世（Sixtus，1521—1590）成为教皇时，首先做的是以明确的方式标记这些宗教目的地，确保每年涌入城市的成千上万名朝圣者不会迷路。于是，他在重要区域建立了四个古埃及方尖碑，创造了可即刻确定目的地的地标景观，并且为目的地设定了标识。[5]今天，罗马的游客络绎不绝，这些方尖碑可以让人们轻易地找到前进的路径，既用于确定方向又使人赏心悦目。

值得一提的还有西斯提纳大道，也是由希克斯图斯五世建造的街道。这条城市中心廊道起始于山上天主圣三教堂，沿山丘向下，一直延伸至圣玛丽亚大教堂后的方尖碑。在希克斯图斯五世时期，该教堂是城市中四个大型朝圣教堂之一，也是宏伟且美丽的城市地标。方尖碑的存在突出了狭长的街景，便于人们确定目的地，因此沿用了很多年。比如，山上天主圣三教堂前面的方尖碑是在拿破仑时期新建的。

在罗马，终止于方尖碑的轴向视野也是某些街道随着时间推移变得如此特别的原因。比如康多提大道——罗马最时尚的购物街，游客摩肩接踵，他们在这里购物，在西班牙大台阶上方山上天主圣三教堂前的方尖碑流连、闲逛。阶梯和风景如画的方尖碑组成了一幅美丽的画卷，加上街道旁很多极具特色的商店，使康多提大道常年热闹非凡。圣彼得堡的主要购物街以相似的轴向街景为特色，但指向闪闪发光的圣彼得大教堂钟楼的金色尖塔，而并非方尖碑。

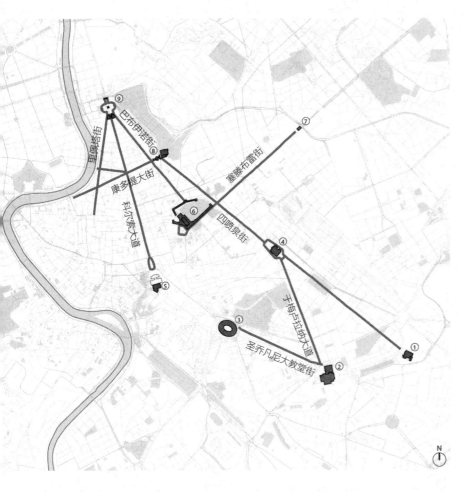

希克斯图斯五世教皇建立的方尖碑及其周边的廊道，便于人们识别目的地或在罗马市中心周边出行
（欧文·豪利特、亚历山大·加文 绘）

① 圣十字大教堂
② 拉特兰圣约翰教堂
③ 罗马圆形大剧院（罗马斗兽场）
④ 马杰奥尔圣母玛丽亚大教堂
⑤ 阿拉柯利圣玛利亚大教堂
⑥ 奎里纳莱宫
⑦ 庇亚门
⑧ 帕尼亚宫
⑨ 波波洛宫

俄罗斯，圣彼得堡　圣彼得堡始建于 1703 年，是轴向城市框架的典型范例。当时，沙皇彼得大帝（Czar Peter the Great）下令沿涅瓦河新建一座城市，这座城市将取代莫斯科而成为俄罗斯的首都，并且打造成被彼得大帝称为"俄罗斯在西方的窗口"以及通过芬兰湾进入欧洲的其他重要港口。[6]

为了建造圣彼得堡，沙皇选择了散布着 100 多个岛屿的沼泽地，这片土地非常平坦，没有山丘或凸出的土地破坏视野。圣彼得堡大都会的建造工程是劳动密集、劳动作业规模庞大且薪水较低的工作，彼得本人也参与其中，他是技术熟练的木匠和机械技工，参与了用砖瓦和泥浆建造城市。圣彼得堡的规划明确清晰且秩序井然，金色的金钟尖塔、俄罗斯帝国海军总部以及其他组织、机构构成了一系列狭长的街景。

圣彼得堡的主干道自海军总部大楼向外放射
（欧文·豪利特、亚历山大·加文 绘）

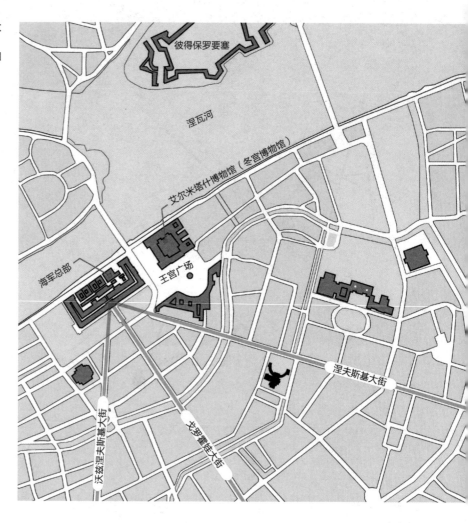

圣彼得堡的市中心自海军总部向南沿着三条广阔的大道不断延展：涅夫斯
基大街、戈罗霍娃大街和沃兹涅夫斯基大街。[7] 这座城市地形平坦，海军总
部的尖塔是一个城市地标，人们从任意一条街道上都能清晰地辨别方向。
同时，尖塔也是一道美丽的城市风景线。三大主要道路之一的涅夫斯基大街，
两侧排列着各种各样的商店和很多重要的组织、机构，成为圣彼得堡最重
要的干道。1835 年，圣彼得堡的人口达到 45.2 万人，俄罗斯著名作家尼
古拉·果戈里（Nikolai Gogol）写道："人们去圣彼得堡其他地方都带有
商业目的，唯有这里（涅夫斯基大街）是纯粹因为喜爱而来的。"[8] 它一直
保持着这种风格。

圣彼得堡，涅夫斯基大街（2014年）
（亚历山大·加文　摄）

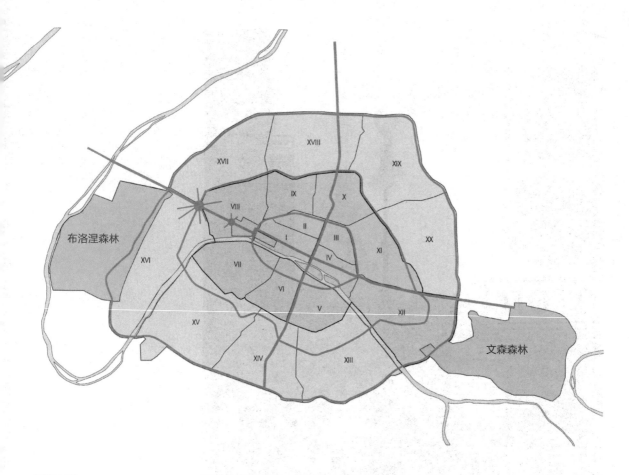

巴黎大道
巴黎的城市结构是"主要交叉口"
（城市中大型东西向大道与南北
向大道的交叉口）与在已拆除城
墙的原址上建造的三条同心环形
大道组合在一起
（约书亚·普莱斯、亚历山大·加
文　绘）

巴黎的街道网格　拿破仑三世和奥斯曼开始他们的规划设计时，巴黎已经是世界上首屈一指的城市，人口比圣彼得堡多出一倍。城市中有一些像圣彼得堡这样的放射状大道，起始于两条环状的林荫大道。

17 世纪 60 年代，路易十四国王在法国边界建造技术先进的防御工事时，巴黎的环状放射形街道系统开始形成。路易十四坚信通过这些最新的防御工事，他的城池将变得坚不可摧。[9] 他认定，查理五世于 14 世纪建造的环绕巴黎的城墙已经过时了。1676 年，他下令将城墙拆毁。[10]

为了给主干道腾出空间而拆毁的城墙（查理五世于14世纪建造）
（科尔特斯·克洛斯比、欧文·豪利特、亚历山大·加文　绘）

查理五世城墙

通过建造圣日耳曼大道，奥斯曼将林荫大道与左岸地区连接起来，并且创建了巴黎第一条环状放射形林荫大道
（科尔特斯·克洛斯比，欧文·豪利特，亚历山大·加文　绘）

① 协和广场　　　　　⑥ 泊松涅尔大道　　　　⑪ 卡尔维尔菲尔斯大道　　⑯ 卢浮宫
② 马德兰大道　　　　⑦ 新波恩大道　　　　　⑫ 博马尔谢大道　　　　　⑰ 巴黎大堂
③ 卡普奇大道　　　　⑧ 圣德尼大道　　　　　⑬ 巴士底广场　　　　　　⑱ 孚日广场
④ 意大利大道　　　　⑨ 圣马丁大道　　　　　⑭ 亨利四世大道　　　　　⑲ 西岱岛
⑤ 蒙田大道　　　　　⑩ 圣殿大道　　　　　　⑮ 圣日耳曼大道　　　　　⑳ 皇家花园

查理五世修建的城墙，顶部有大片延绵的草坪，这里成为人们聚会、娱乐游憩的地方。伏尔泰曾经评论这座旧墙就像一个"绿色廊道"，人们聚集在一起，玩流行的 "滚球游戏"。城墙被绿树成荫的街道取代时，"大道"这个词出现了[11]：伏尔泰曾建议用"林荫大道"指代这些高架球场。其他人把这个词的起源归于荷兰词汇"bolwerc"的变形——在英文中称为"壁垒"。[12]

取代查理五世城墙的，是路易斯沿城墙边缘种植的两排壮观的榆树。随着时间的流逝，这条大道演变成一个宽阔的广场，兼作交通运输和休闲娱乐之用。[13] 在人口密集的巴黎或其他欧洲城市几乎看不到这样宽阔且绿树成荫的序列干道。林荫大道和巴黎的其他街道都彰显出周边区域的特征，并且有着独特的名字。这些绿树成荫的街道，宽 35 米，被人们称为"林荫大道区"（伟大的林荫大道）。[14]

1784 年，巴黎人口达到 65 万人。政府为了控制进入城市的人流和货物，建造了一面 24 千米的"包税人城墙"，以此对通过墙壁主门的进口货物征税。[15] 在城市人口超过百万人之后，这座伟大的石材构筑物便过时了。1844 年，人们拆毁了"包税人城墙"，在距离城市快速发展的郊区约 1.6 千米的、快速发展的郊区，建造了一面长 34 千米的梯也尔城墙。

即使存在一些放射大道和新兴的环形大道，但如何将商业和服务引入城市周边也是城市面临的一大挑战。在拿破仑三世的指示下，奥斯曼实施了几个放射形要道计划，并且编制了其他重要规划。[16] 这些宽阔的林荫大道穿过旧城区，与城市大门、铁路站和桥梁以及其他主要目的地连接在一起，最终路网遍布整座城市。[17]

奥斯曼认为，取代查理五世城墙的林荫大道和取代"包税人城墙"的放射形道路可以将巴黎中心区域整合起来。他建造了宽 30 米的圣日耳曼大道，成为城市左岸的主干道，将拉丁区与林荫大道连接在一起。这条新道路形成一个圆环，起始于右岸巴士底广场，沿着新的亨利四世大道向前延伸，通过苏利桥横跨塞纳河，来到圣路易斯街、圣日耳曼林荫大道，穿过左岸，再次到达右岸的协和桥（横跨塞纳河的桥梁）和协和广场，在林荫大道区附近回到巴士底广场。

除了放射形大道和环形林荫大道，奥斯曼还增建了"主要交叉口"，或将它们连为一体的大型十字路口，比如一条宽阔的东西向干道起始于城市的西端，终止于城市东端（始于大军团大街，环绕凯旋门，延续至香榭丽舍大道，横穿协和广场，向北转向，变为瑞弗里大道，然后转向圣安托万路，直至巴士底广场。从该广场开始，沿着圣安东尼城郊街向东延伸，直至民族广场）。这条干道与另一条南北向干道相交。该南北向干道起始于南部菲利普·勒克莱尔将军大道，转向丹费尔·罗什洛大道，然后转向到达圣米歇尔大道。大道经塞纳河继续向前延伸，通过两端分别连接西岱岛皇家林荫大道和通向巴黎东站的塞瓦斯托波尔大道，然后延伸并转向通往巴黎北端的圣马丁郊区街。

巴黎，香榭丽舍大道（2010 年）
东西向大型交叉口（大军团大街、香榭丽舍大道和瑞弗里大道）的第一部分，于 19 世纪初由拿破仑建造
（亚历山大·加文　摄）

巴黎的放射形大道和环形大道并非采用街道设计原则推崇的直线形。相反地，它们是几个世纪以来逐渐形成的结果，街道设计者（包括奥斯曼）综合考虑业主的要求、政治权力和已存在的地标等实际情况。大型交叉口和环形大道使很多人无法察觉城市呈环状放射形——这些几何图形并不完美，却为人们提供了不断变化的城市景观和各种各样的建筑形式，使巴黎成为世界上最美丽的城市之一。巴黎的城市框架虽然比较复杂，却为城市居民确定目的地提供了合乎逻辑的坐标，并且促进了城市经济的繁荣发展。

林荫大道建造之后，吸引了大量开发商和商铺老板在这里建造住宅区，开设零售商店和娱乐场所。20 世纪，此番情景再次上演。梯也尔城墙被环形大道和环形高速公路所取代时，带动了城市郊区的发展，那里新建了很多住宅楼。

1857 年，弗朗茨·约瑟夫一世（Franz Josef I）下令拆除围墙（红色）；之后，草坪开放区成为公共建筑物的所在地，广场周边建造了大量住宅区（科尔特斯·克洛斯比，欧文·豪利特、亚历山大·加文 绘）

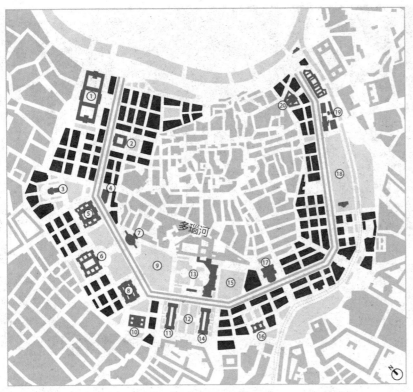

多瑙河

环形大道取代了维也纳城墙，形成了城市公共空间的基本框架（科尔特斯·克洛斯比，欧文·豪利特、亚历山大·加文 绘）

① 兵营
② 维也纳证券交易所
③ 沃蒂夫教堂
④ 埃弗鲁西宫
⑤ 维也纳大学
⑥ 市政厅、市政厅公园
⑦ 奥地利国家剧院
⑧ 议会
⑨ 维也纳人民公园
⑩ 正义宫
⑪ 自然史博物馆
⑫ 玛丽亚·特雷西娅广场
⑬ 新堡博物馆、城堡
⑭ 艺术史博物馆
⑮ 城堡花园
⑯ 艺术学院
⑰ 维也纳国家歌剧院
⑱ 城市公园、库尔沙龙
⑲ 工艺美术博物馆
⑳ 奥地利邮政储蓄银行

维也纳，克恩滕环形大街（2013
年）
（亚历山大·加文　摄）

维也纳，环形大道　法国政府并未特别注意大多数建筑物的建设位置，认为这是房地产开发商的责任。然而，弗朗茨·约瑟夫一世于 1857 年下令以绿树成荫的环形大道取代维也纳城墙时，这个环形廊道变成城市中的一条主要大道，皇帝相当重视周边建筑物的布局。

约瑟夫命令，沿着环路建造议会大楼、城市大学、歌剧院、布尔格剧院、市政厅、证券交易所、主要博物馆和其他重要目的地，形成真正的城市中心。房地产开发商纷纷投资，在环路公共建筑之间建造住宅区，以便开拓市场。[18] 当时，几乎所有重要的目的地均位于维也纳市中心，至今通过环形大道仍然步行几步便可到达。这条环形大道易于识别，方便到达，备受欢迎。

莫斯科，环状放射形街道 在莫斯科，新建的林荫大道取代了城墙，但这些林荫大道的性质与环形大道和奥斯曼林荫大道截然不同。克里姆林宫的墙壁仍然竖立在那里，但其后方的三面墙壁全部被交通干道取代，并且增加了一条外部环状公路。巴黎和维也纳的多功能环形大道服务于行人以及骑马和驾驶马车的人，莫斯科也如此。但是，20至21世纪，莫斯科的环路重新建设，服务于机动车。

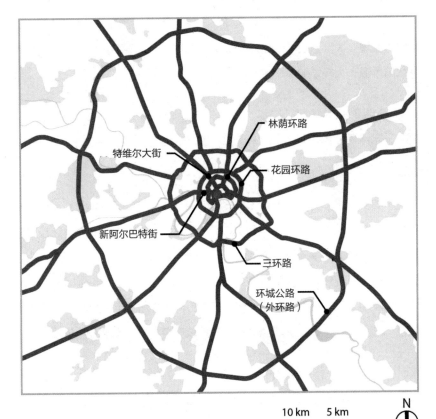

莫斯科，环状放射形街道
与巴黎和维也纳一样，莫斯科城墙被拆毁，取而代之的是一条同心环形林荫大道
（欧文·豪利特、亚历山大·加文 绘）

20 至 21 世纪，莫斯科的城市规划由工程技术官员主导。他们在 1935 年《莫斯科市重建总体规划》中提出了目标。为了适应越来越多的车辆，他们建议在克里姆林宫外 5 千米处新建第四条环形路，拓宽一些自始至终贯通城市中心的放射形大道，并且增建一条比香榭丽舍大道还要宽的径向大道（现在称为"新阿尔巴特街"）。

克里姆林宫外的第一座界定贸易市场的泥土城墙在 20 世纪 30 年代被拆除，以便减少交通拥堵。[19] 接着，林荫环路、花园环路，取代了始建于 16、17 世纪的城墙，大部分在 19 世纪初形成林荫大道。政府采取大量措施，更新了林荫大道，大幅增加了车辆交通面积。

长 35 千米的花园环路在第二次世界大战结束后完工。21 世纪初，长达 109 千米的莫斯科环城公路已经拓宽至十车道，并且与放射状大道形成了立体十字交叉口。

根据 1935 年的《莫斯科市重建总体规划》，除了环形高速公路，还要建造宽阔的放射状大道。[20] 这些新的道路是八至十车道，采用快速移动干道的形式，并且每间隔 457 ~ 610 米建造一条人行地下通道。为了防止与迎面而来的车辆发生碰撞，每隔 800 米左右设置一处标识明显的人行横道，其余地方禁止行人横穿马路。此外，在接下来的几十年中，还依据 1936 年的规划设置了很多横穿花园环路的放射形道的主要车行地下通道。

根据该规划，莫斯科新建道路中最有趣的是新阿尔巴特街，一条于 1962 年至 1968 年建造的干道，直到 1994 年才因加里宁·普罗斯佩克（Kalinin Prospekt）而闻名。这条干道割裂了古老的阿尔巴特历史街区，并且一路扫除障碍——拆除很多历史建筑，这也招致了大量的批评。[21]

20 世纪 60 年代末，新阿尔巴特街绿树成荫，向公众开放，象征着莫斯科辉煌的未来。新阿尔巴特街比香榭丽舍大道还要宽阔。20 世纪末，树木被移除，为机动车腾出空间。[22] 然而，到了 21 世纪的第二个十年，街道吸引力日益减弱。交通噪声和排气烟雾使人不悦，行人过马路变得困难而且距离很远。

21 世纪初，莫斯科市区其他宽阔的大道也出现了类似的问题，1935 年制定的《莫斯科市重建总体规划》已经过时了。[23] 交通工程师对很多要道制定了新的规则，禁止沿人行道停车、滞留、装货卸货。结果，越来越多的人乘地铁或开车到郊区购物、娱乐。宽阔大道两侧的商店日渐萧条，很多倒闭了。

莫斯科，新阿尔巴特街（2014 年）（亚历山大·加文　摄）

莫斯科，特维尔大街（2014年）
街道上禁止停车和装卸货物，导
致"通行受限"
（亚历山大·加文 摄）

特维尔大街（在 1935 年至 1990 年被称为"高尔基大街"）为这个问题
提供了一个生动的例证。特维尔大街曾是莫斯科最受欢迎的一个购物区，
零售店遍布其间。扩建时，特维尔大街从 16 米增至 40 米，移除树木，为
机动车辆腾出空间。后来，政府规定此处禁止装卸货物或搭载乘客，汽车
和卡车只能在地下通道行驶（800 米），人们便渐渐抛弃了特维尔大街，
转向库兹涅茨克街、尼科尔斯卡亚街和老阿尔巴特街等行人专用街道。

虽然像巴黎或维也纳一样，莫斯科环状放射形几何结构的形成将城墙改为
林荫大道，但快速移动的交通廊道被纳入城市结构，导致"有利"变为"不
利"。此外，过去 25 年间，城市市政管理不善，使曾经伟大的城市公共空
间日益退化。

莫斯科环状与放射形结合的路网结构与很多美国城市的有限入口绕城高速
很相似。然而，莫斯科规划者试图通过在城市边缘建造高层公寓来疏解城
市交通堵塞，与之相反，美国在近郊建造了低密度住宅小区。环形公路可
以为高层建筑和高密度地区的发展提供框架，然而，单靠这些措施还不足
以营造宜居的环境、增加市民福祉、为社会注入新的活力。

休斯敦，高速公路
州际公路系统为休斯敦周边的快速环路提供支持
（欧文·豪利特、亚历山大·加文　绘）

休斯敦，环形高速公路　休斯敦是将高层建筑与高速公路相结合从而形成伟大的商业区的典型。在休斯敦上城区，州际公路的非人性化影响可通过城市公共空间的持续投资来克服，比如对橡树大道进行投资，建造一条平行于 I-610 高速公路的 41 米宽景观大道。这些投资项目吸引了房地产开发商和商铺老板们在公路周边建造办公楼、开设商店，很多居民购买附近的高层公寓。因此，距离休斯敦市中心（美国第八大商业区）约 8 千米的上城区到 2015 年已成为全美第十六大商业区。

曼哈顿，约克大道（2012年）（亚历山大·加文 摄）

完善的城市框架有助于形成伟大的城市公共空间。大多数美国城市（比如洛杉矶、亚特兰大和休斯敦）的直线形街道网格比同心放射状主导的巴黎、维也纳和莫斯科的城市结构更为突出，而且直线形网格系统本身就是一道城市天际线。纽约具有明显的网格结构，有着世界上最易辨认且自我生长的城市天际线。

纽约，曼哈顿，街道网格
（欧文·豪利特、亚历山大·加文　绘）

① 联合广场 　　　　⑥ 布莱恩特公园
② 麦迪逊广场 　　　⑦ 中央车站
③ 佩恩车站 　　　　⑧ 时代广场
④ 先驱广场和格里利广场 　⑨ 哥伦布圆环
⑤ 联合国 　　　　　⑩ 中央公园

▬ 百老汇街和公园大道（非典型街道）
▬ 主要的十字路口街道
▬ 大道
— 典型的十字路口街道

纽约，曼哈顿，街道网格 曼哈顿的街道被人们称为"最伟大的网格"。[24]
人们从到达这个城市开始便被巧妙设计的城市框架包围着。值得注意的是，
尽管居民和游客都相信，横穿曼哈顿时是从正东向正西行驶（美国国会于
1785 年颁布了土地法，提出"网格城市"，之后建造了很多网格城市）[25]，
但情况并非如此。曼哈顿的网格系统并不是南北向，而是与岛屿方向相契合。
事实上，曼哈顿的网格系统与 1785 年颁布的法令毫无关系。相反地，它由
专业测量师小约翰·兰德尔（John Randall）设计，并且于 1811 年由纽约
州立法机关批准。兰德尔将网格平行并垂直于岛屿的河流边缘——东部的东
河和西部的哈得孙河，而并非真正意义上的南北向。[26] 因此，纽约市单路网
格与标准指南针方向相差 29°。这种错位的结果是，居民和游客可轻松地置
身于城市里及其周边两条河流之间。

关于纽约的另一个误解是每条街道和每个街区大小基本相同。其实曼哈顿
网格不是一个有规律的棋盘，而是长街区和短街区相互混杂。纽约街区的
南北边缘长 61 米，东西边缘的长度从小于 30 米到超过 274 米不等。街道
宽度也不同，从 18 米到 46 米不等。街道网格并非完全平坦，沿着岛屿自
然地随山丘、山谷上下起伏。尽管很多小丘和凸出的地方在 19 世纪经过了
整平处理，但还有一些山丘被完整地保留至今。从曼哈顿上东区一些地方
上山，无异于在跑步机上锻炼。

此外，曼哈顿网格并非十分精确，有些地方中断了。完美布局的网格就像
由正确的轴向道路组成街道规划一样，非常单调，而纽约与巴黎一样，一
点也不单调。兰德尔于 1811 年设计的街道网格，利用百老汇（一条完备
的城市干道，自曼哈顿下城区蜿蜒曲折地延伸至距城市北部 217 千米的奥
尔巴尼市）有效规避了这个缺陷。百老汇横穿六条平行的相邻街道，并且
与其形成了十字路口。这些十字路口包括哥伦布广场、联合广场、麦迪逊
广场、海诺德广场、时代广场和威尔第广场。

曼哈顿街道网格经常利用公园来调整微小的偏差，1811 年之后新建了大量
公园，对街道网格的最终形成具有至关重要的作用。公园周边是联合国总部、
中央车站、宾夕法尼亚车站、美国邮政大楼、纽约公共图书馆的主要分支、
哥伦比亚大学、城市学院和几家著名医院的所在地，由此形成的景观切割

纽约，曼哈顿，百老汇 23 街
（2013 年）
百老汇径直穿过曼哈顿网格，营
造了开放空间，不断改造，以便
为行人提供更多便利
（亚历山大·加文　摄）

了城市中建筑物密集的区域，同时使纽约变得适宜通行。

除了营造美丽宜居、适合步行、导向清晰的景观，曼哈顿网格的智慧之处
在于其指导并支持房地产开发商进行投资。城市区划原理是在较宽的街道
上建造人流密集的大楼，在较窄的街道上降低建筑物的高度、减少建筑物
的数量。[27] 因为更多的人使用宽阔的街道，所以房地产开发商在 1916 年
政府出台第一条正式的城市区划政策之前便建造此种类型的街道。[28] 同样
地，纽约城市区划的宗旨就是通过限制狭窄街道上的商业开发来展现城市
的风貌。

尽管在人们的第一印象中，街道网格可能是一种比较无聊、机械的城市框架，但纽约的街道网格十分巧妙，展示了如何通过连贯的设计、极具洞察力的规划和适当的创新，使普通的直线形网格变得非同一般，并且有效地带动当地的社会经济发展。

除例外情况，所有编号标记的街道和曼哈顿岛上的大道具有相同的外观和规模。主要东西向干道采用两种方式：比较宽阔的街道宽 30 米，沿人行道允许停车；比较狭窄的街道宽 18 米，为单行道，在路边划出停车线。然而，事实证明，纽约市民不会因为街道结构而选择使用或绕开这些街道。他们访问街道，是因为街道很方便或具有吸引力。他们远离街道，是因为那里秩序混乱、噪声恼人，甚至经常发生交通事故或犯罪案件。

曼哈顿中部一条宽 18 米的东西向大道上穿插了五条 30 米宽的东西向商业干道，从东向西分别是第十四街、第二十三街、第三十四街、第四十二街、第五十七街。五条街道的规划设计和沿线的土地用途基本相似。

20 世纪初，这些宽敞的东西向大道上店铺林立，很多货车在此装卸货物，消费者可漫步于足够宽敞的人行道上。不久后，街道上设置了地铁站，城市区划更是在 1916 年和 1961 年为这些地点背书，从而带动了该区域的商业活动。

20 世纪中叶，这些东西向大道以不同的方式发展起来。其中最著名的是第四十二街，成为纽约曼哈顿西区娱乐业不可分割的一部分。纽约东部中央车站末端分布着很多企业总部大楼。第三十四街附近坐落着帝国大厦（当时是世界上最高的摩天大楼），以及很多地标建筑，比如宾夕法尼亚车站、美国邮政大楼、梅西百货、阿尔特曼百货公司、金贝尔百货及大型酒店。宾夕法尼亚车站于 1965 年被拆除，在原址上重新建造了车站、麦迪逊广场花园、零售商店和两座大型办公楼。

20 世纪 70 年代，纽约曼哈顿市中心与纽约大部分地区（比如第三十四街、第四十二街和其他主干道）一样走向衰落，即"最伟大的街道网络"也不可避免地走向衰落。街道上满是垃圾和涂鸦，偷窃、抢劫案件频发。为解决这些问题，街道需要维护、监督、规划和管理。房地产开发商、店铺业主和社区居民齐心协力，扭转了曼哈顿市中心商业街的衰落，并且为越来越糟糕的城市公共空间注入了新的活力。第三十四街的案例说明，吸引市场需求、建造伟大的城市公共空间是不够的。伟大的城市、伟大的城市公共空间需要不间断的管理和维护。

城市框架的管理和维护

由于 20 世纪 70 年代的财政危机，纽约成立了紧急财务控制委员会，监督城市财政情况。1976 年首次全年营运，财政危机出现后，控制委员会迫使纽约市政府裁撤 38 152 名市政人员（占总人数的 13%）。[29]

削减人员后，纽约的街道、广场和公园开始恶化（参见第 5 章和第 7 章）。负责收集垃圾、清空垃圾、清理街道、提供治安保护的人员急剧减少，导致第三十四街垃圾遍地、涂鸦满布、犯罪猖獗。即使财政情况好转之后，仍然没有恢复到之前的市政服务水平。街道上遍布低端折扣店、廉价酒店和快餐店。最终，房地产开发商、店铺业主和社区居民决定采取行动。

纽约，曼哈顿，第三十四街　第三十四街日益衰落。1993 年，帝国大厦、梅西百货、麦迪逊广场花园的业主和很多商家决定采取行动，改造街道。他们筹措资金，自发地提供公共服务。商家和业主联合成立了一个非营利组织——"第三十四街伙伴组织"，类似前文所述的商业改善机构（BID）。此后，市政府签署协议，将一些城市日常服务委托给专业机构。除了提供服务，专业机构负责改善第三十四街沿线的 31 个街区以及附近的先驱广场和格里利广场。[30]

纽约，曼哈顿，西二十三街
（1992 年）
主要商业街削减了公共服务，街
道愈发拥挤且混乱
（亚历山大·加文　摄）

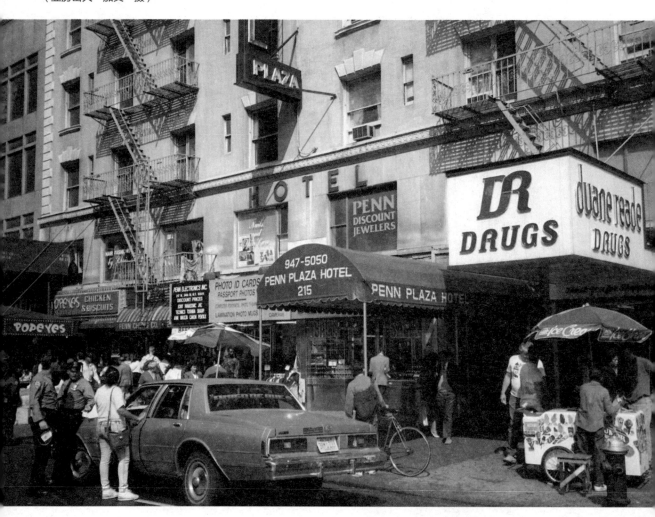

与多伦多西布洛尔街（West Bloor Street）的做法类似，"第三十四街伙伴组织"并不专注于资本投资，而是参考布莱恩特公园公司（参见第5章）和"大中央伙伴组织"两个纽约市开创型商业改善机构（BID）的做法，两者最初都是由丹尼尔·比德曼（Daniel Biederman）构想并管理的，他随后也成为了"第三十四街伙伴组织"的管理者。

该专业组织由代表业主、政府机关、零售商的54名董事以及4名公职人员管理，2013年营业预算为1100万美元。该款项来自商铺的税收，由政府统一征缴并直接转给该专业组织。其余款项来自土地租金、广告费、项目赞助和其他收入。作为回报，该专业组织同意在改善第三十四街的过程中自负盈亏，纽约市政府不再承担任何费用。[31]

纽约，曼哈顿，西二十三街（2013年）
"第三十四街伙伴组织"接管了该地区的街道和人行道，街道和人行道的安全性和清洁度显著提高，房地产开发商修缮和拆除了很多老旧建筑物
（亚历山大·加文 摄）

纽约，曼哈顿，第三十四街改善
工作：街道清扫（2013年）
（亚历山大·加文　摄）

纽约，曼哈顿，第三十四街改善
工作：旅游宣传（2013年）（亚
历山大·加文）

"第三十四街伙伴组织"提供了很多公共服务，包括收集、包装垃圾，但车辆交通仍由运输和警察部门管理，垃圾由卫生部搬运，供水、下水道排污、噪声和空气污染以及危险废物处理也仍然是环境保护部门的职责。这种分工协作的模式演化了 20 年。截至 2013 年，该专业组织共聘用了 62 名清洁工和 27 名身穿制服的安保人员，同时邀请设计师美化该地区 589 家零售店的外观，以及维护街头家具、植被和标示牌。此外，该专业组织与房地产开发商合作，修复了约 17.7 千米的混凝土人行道。这种既分工又合作的方式确保了该地区安全、干净、便利且具有吸引力。[32]

纽约，曼哈顿，第三十四街，
梅西百货（2013 年）
（亚历山大·加文　摄）

第三十四街虽然不如香榭丽舍大道、康多提大道等欧洲街道那样迷人，但仍然是世界上最繁忙的街道之一。每天，宾夕法尼亚车站服务于 43 万人；因季节不同，梅西百货公司有 3.5 万至 7 万名消费者，是世界上最大的百货公司。每年，距第三十四街一个街区之远的帝国大厦观景台是 350 万名游客的目的地，而麦迪逊广场花园因大型体育赛事吸引 400 万人。数以万计的人们来到第三十四街购物、吃饭、休闲娱乐。

负责第三十四街改善工作的专业组织负责清理垃圾、涂鸦，降低犯罪率，加强该区域的基础设施建设，提供公共服务。提升改造、公共服务、互助合作和精心管理相结合，有助于增加城市公共空间的市场吸引力。

城市公共空间提供城市框架，使城市永葆活力

城市公共空间可能由中央脊线控制（比如亚特兰大的桃树街或杜布罗夫尼克旧城的史特拉顿大道）、由轴向廊道控制（比如罗马），由环状放射形干道控制（比如巴黎或莫斯科），或者由街道网格控制（比如很多美国城市），但无论何种形式，城市公共空间决定了城市框架，为人们确定了明确的方向，让他们在城市里轻松、快速地流动；同时，房地产开发商和商铺老板们可根据城市框架，决定在哪里投资。

历史上，维也纳克恩滕大街和曼哈顿第三十四街都因现实情况的变化而走向衰落，被人们抛弃，但幸运的是，人们很快意识到这一点，采取措施及时地挽救了城市公共空间，使其恢复了活力，重构了城市框架。

罗马，康多提大道（2012 年）
（亚历山大·加文　摄）

布鲁克林，东方公园大道（2012年）
（亚历山大·加文　摄）

营造宜居的环境

布鲁克林东方公园大道是奥姆斯特德和沃克斯最伟大的设计之一。我初次来到东方公园大道，便被那里密集的人流和丰富的活动所吸引。东方公园大道的成功得益于城市营造了较好的宜居环境。

规划设计之初，东方公园大道作为一条频繁使用的廊道，使用模式、管理模式、周边人口和政府预算不断变化。东方公园大道向公众开放时，并不仅是为 20 世纪 70 年代时沿中央道路疾驰而来的马车设计的，也不是为取代它的机动车设计的。奥姆斯特德和沃克斯力求满足各年龄层及在不同季节的需要，让在东方公园大道附近工作和居住的人们呼吸新鲜的空气，而不被过往车辆产生的噪声和污染淹没。同样重要的是，当沿着街道行走时，街边六排行道树会为人们带来荫凉；而在冬天，它们光秃秃的树枝又可以让温暖的阳光照射下来。

适合居住的环境

宜居的环境，有三大特色：适合居住、易于修复和具有弹性。

人们在城市公共空间中花费、逗留的时间取决于城市公共空间自身的条件。想象一下，冬季，我们出门时，如果没有做好准备应对寒冷的天气，便会回到室内取暖；夏季，我们喜欢待在比较凉爽的地方。同样地，噪声震耳欲聋时，我们便找个安静的地方；空气污染较严重时，我们便找个空气新鲜的地方。在宜居性方面，城市公共空间也是如此。

现今，城市中的很多地方，包括城市公共空间，遭受了污染。因此，应当对城市公共空间进行修复，以确保城市的宜居性。易于修复是伟大的城市公共空间的一个必备要素。

伟大的城市公共空间的另一个衡量标准是具有弹性，即能够处理日常活动，满足不断变化的市场需求，适应气候、经济或人口的变化。

城市公共空间应当加强管理和维护。有些人并未意识到自己在城市公共空间中的行为会对公共空间造成破坏、损害他人的利益，而他们的需求无法得到满足时，可能还因为那些所谓的"限制因素"而感到愤慨。[1] 因此，正如奥姆斯特德所说，城市公共空间必须通过明智的设计和持续的管理来保障用户的需求。

布鲁克林，东方公园大道　和福熙大街一样，东方公园大道的两侧设置了绿岛和只比巴黎街道窄一点的服务性道路。绿岛旨在保护人行道上的行人，并且提供绿色的公共廊道，访客在到达目的地之前便可以开始"公园体验"——这是布鲁克林市中心大型且无可挑剔的未来公园。

1870 年，东方公园大道对外开放时，尚未发明机动车。东方公园大道的建造并非为了保护居民免受废气和颗粒物的污染。东方公园大道上的植物，一定程度上屏蔽了四轮马车、马匹和送货车的噪声，并且抑制了当地街道不必要的交通流量，还将交通流量引入交通流畅的中央车道，减少了因交通不畅浪费的拥堵时间。缓解了居民区的噪声和拥挤，两侧排列的植被起到了人车分离的作用。

布鲁克林，东方公园大道（2006年）
东方公园大道将区域交通从附近
街区中转移出来
（亚历山大·加文　摄）

布鲁克林，东方公园大道（2009年）
东方公园大道让附近居民进入
未来公园之前便开始一番"公
园体验"
（亚历山大·加文　摄）

布鲁克林, 东方公园大道（2012年）
东方公园大道的树木在夏天提供
凉爽的树荫，冬天树叶落下后带
来温暖的阳光
（亚历山大·加文　摄）

东方公园大道对外开放时，消解降雨径流和污水排放的问题还不太严重。现今，这些问题成为纽约人严重的后顾之忧。人们发现，沿公园建成的公园小岛很适合吸收雨水，减轻了城市排水系统的压力。人们甚至感叹，东方公园大道的创作者在这方面有先见之明，并且对东方公园大道的设计方法颇为赞赏。

利用城市公共空间，营造宜居的环境

提高城市公共空间的宜居性、增强弹性恢复力、修复受污染地区，这三者相互结合、相辅相成，是一种综合性的手段，有助于解决一系列城市难题。

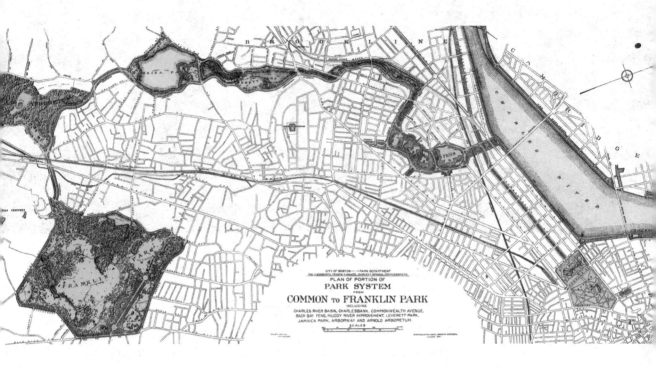

这是奥姆斯特德在建造波士顿翡翠项链公园体系以及罗伯特·摩西（Robert Moses）在建造长岛公园、海滩和公园路时所采用的方法。事实证明，采用这种方法，可营造伟大的城市公共空间，使其具有弹性恢复力和更加宜居的环境。

波士顿，翡翠项链公园体系 波士顿翡翠项链公园体系建设工作始于 1876 年。当时，波士顿公园委员会为后湾的新公园购买了 43 公顷的土地，经过评估，他们认为相较于马萨诸塞州的其他地方，这里的条件相对较差。[2] 委员会购买该区域，是因为它有很大的开发空间，并且比已投入使用的土地便宜得多。

委员会最终否决了提交竞赛的 20 个方案中的获胜方案[3]，而是聘请奥姆斯特德担任景观设计顾问，为期三年。20 世纪 80 年代末，提出了一个长 11 千米公园系统的规划，该系统在波士顿市和布鲁克林市之间的占地面积超过 1358 公顷，起始于波士顿公园，终止于富兰克林公园。[4]

奥姆斯特德规划的波士顿翡翠项链公园体系
（美国国家公园管理局）

波士顿，沼泽（2014 年）
翡翠项链公园体系为波士顿和布鲁克林的房地产开发商创造了机会
（亚历山大·加文 摄）

最初的选址包括泥河和石溪，这是两条流入沼泽然后在退潮时流入查尔斯河的水道。涨潮时，查尔斯河的苦咸水激增，导致河水泛滥，有时洪泛区高达 121 公顷。并且因为多年来，波士顿和布鲁克林的附近社区都将生活污水排入这条河里，导致查尔斯河污染严重，洪泛现象愈演愈烈。奥姆斯特德深知，这样排污会让水愈发肮脏，"以至于蛤蜊和鳗鱼都无法在这里生活，产生如此大的恶臭，夏季无人愿意靠近半步"。[5] 奥姆斯特德曾公开表示，如果下水管道设计得合理，就能够应对后湾区污水的挑战。[6]

奥姆斯特德提出了解决方案，即加深并改变一部分水道方向，以便营造一个无形的低洼盆地，储存大量的水，"发生规模较大的涨潮时可以保证几小时内不会溢流"。[7] 其实他的做法就是我们今天所熟悉的"增强区域的弹性恢复力"。奥姆斯特德生活的时代还没有出现这个专业术语，但他的做法却体现了这一原则。此外，奥姆斯特德还提出治理"恶臭"，修复受污染的区域。总之，奥姆斯特德的终极目标是建造一个伟大的公园。

奥姆斯特德建议，围绕牙买加池塘（28 公顷）建设牙买加公园（49 公顷），连同阿诺德植物园（107 公顷）、富兰克林公园（213 公顷）、后湾沼泽和泥河一起组成波士顿翡翠项链公园体系上的节点，各节点间以林荫大道相连。[8] 大型公园、溪流廊道和景观公路的组合为动植物群体提供了理想的庇护所。此外，奥姆斯特德在城市公共空间中预留了一部分空间，供

休闲娱乐之用。因此，与曼哈顿中央公园（参见第 4 章）一样，居民、野生动物和各种植被在翡翠项链公园体系里和谐共存。翡翠项链公园体系作为一个伟大的城市公共空间，完成了多个使命：提高波士顿的宜居性，增强区域的弹性恢复力，修复大部分受污染的区域。

波士顿，泥河（2014 年）
公园体系最初作为一个修复项目，但自完工以来，为波士顿大都会地区的人们提供了一个理想的休闲娱乐场地
（亚历山大·加文　摄）

清除后湾沼泽地的淤泥（1882 年）
（《波士顿市政文件》，编号：20-1883）

长岛的公园、海滩和公园道路网络　与长岛公园网络相比，波士顿翡翠项链公园体系可能相形见绌，长岛公园网络于罗伯特·摩西 1924 年至 1963 年间任长岛国家公园委员会主任时建立，由 39 千米的公共海滩和 15 个总长282 千米的主要公园连接而成。[9] 与波士顿一样，长岛的公园网络始于一块约 81 公顷的棕地，"遍布蚊虫与被流沙包围的死水塘"，1924 年摩西开始履职时这块地的所属权已非私有。[10] 今天，最初约 0.81 平方千米的地区构成了琼斯海滩州立公园的核心，琼斯海滩州立公园有着面对大西洋海域的 10.5 千米的海岸线，与公园之外的 29 千米的海滩一起组成了 971 公顷的长岛公共海滩。[11]

为了使荒凉的岛屿变身为受欢迎的公园，国家公园委员会从距离这片土地27.3 千米的南蚝湾挖出 3400 万立方米的沙子，将岛屿的海拔高度从 0.6米升至 4.3 米。该委员会种植了大片沙滩水草，以稳固沙土。更加令人欣喜的是，委员会还在长岛上建造了一条木栈道和两个配有 10 000 多个储物柜的海滩更衣室、高尔夫俱乐部、巨大的游泳池、露天舞台、餐厅和数十个野餐桌、板球场和网球场、游船码头，以及有大量车位的停车场。[12]

纽约，长岛，琼斯海滩（2010 年）
（亚历山大·加文　摄）

起初，很多人并不看好这个项目。根据 1920 年的《美国人口普查报告》，长岛人口只有 23.7 万人，其中 12.6 万人居住在海滩所在的拿骚县。区域规划协会辩称，分配给琼斯海滩的资金现在可更好地用于建造住宅区，以后用于建造公园。[13] 此外，当时居住在长岛并拥有汽车的居民数量较少，因为在 1924 年前往公园的唯一方式是沿着本就不足的当地道路驾车前往，所以前往公园的人少之又少。[14] 不过，在短短几年内，长岛上汽车普及，人们能够沿着国家公园委员会修建的公园道路在公园里漫步。

2014 年，长岛人口超过 270 万人，人们拥有超过 200 万辆汽车。政府收购了大片土地，建造了数百千米的海滩供公众使用，这些海滩同时配备了方便机动车进入的公园路网。[15] 然而，长岛的做法并未在全国得到推广。在加利福尼亚州马里布海岸，机动车可以由太平洋海岸公路进入，但公共通道被数千米昂贵的别墅所阻挡。佛罗里达州棕榈滩的海岸线也可以开车，但因为停车场只允许停留 20 分钟，所以前往海滩的人多半是步行去海滩的当地居民。

人们质疑，那些没有汽车的长岛居民无法便利地进入海滩，这违反了公平原则。因此，纽约市政府决定采取措施，确保每个人享有进入海滩、观赏景色的权利。

在建造长岛公园及其景观公路路网前，纽约只有一个长 1 千米的海滩——布鲁克林区的科尼岛。人们认为纽约市的居民，特别是那些买不起汽车的人，都有权前往长岛的海滩，即使它们距离市中心 40 千米。罗伯特·摩西在 1934 年至 1960 年担任纽约城市公园总监时解决了这个问题。他在布鲁克林区、皇后区、斯塔滕岛和布朗克斯区共建造了长 27 千米的海滩，人们乘公交车或地铁便可以轻松到达。

琼斯海滩于 1929 年开放时，长岛的居民立刻意识到，他们拥有的实际上是一个巨大的乡村俱乐部，为那些无法承受高端长岛乡村俱乐部的人提供服务，然而大多数车主、他们的朋友和邻居有能力支付 50 美分的道路通行费，他们将车停放在海滩旁边巨大的停车场。事实上，运营第一天，琼斯海滩总共"接待"了 95 万辆汽车。[16]

纽约，长岛，北部州立公园大道（2010 年）
绿色植物吸收了汽车的噪声和污染，在飓风季节可排放暴雨径流（亚历山大·加文　摄）

长岛州立公园委员会创建了仅限私家车通行的景观公路。这条路给了驾车前往琼斯海滩的居民非同平常的空间体验。梅多布鲁克州立公园大道是美国第一个限制进入并进行景观美化的景观公路，沿全线进行交通分流。[17]此外，路面两旁宽阔的景观美化廊道上植物繁茂，带给司机们不一样的驾驶体验。

南部州立公园大道（2011 年）
广阔的景观区将公园路与附近居民区分隔开来，是当地重要的环境资产，有助于提高长岛的环境质量，营造宜居的生活空间（亚历山大·加文　摄）

长岛的公园道路就像 20 世纪下半叶横跨美国的高速公路，为不规则延展的住宅区提供了广阔的发展空间。然而，与高速公路不同的是，在康涅狄格州、马里兰州、新泽西州和纽约州，宽敞的景观公路经过美化，成为郊区的主要资产，有助于提高环境质量。在长岛，特别是树木、草坪和灌木丛组合在一起的直线形公园非常宽广，以免附近的居民看到汽车或听到交通噪声，野生动物在宽大的廊道上可以从一个栖息地移动到另一个栖息地。道路两侧的密林足够宽，可过滤车辆废气，并且在秋季飓风来临时消纳多余的雨水。因此，这些景观公路在增强区域弹性恢复力方面发挥了重要作用，否则很多住宅区将和第二次世界大战后美国其他地区建造的大多数郊区住宅一样，饱受城市内涝的影响。正如摩西（Moses）解释的那样，联邦政府补贴的高速公路是工程师们的杰作，他们"美化环境的想法让天使们哭泣"。[18]

长岛州立公园委员会启动了一个计划：确保布鲁克林居民供水量和水质。1925 年，该委员会管理 800 多公顷的长岛溪流、湖泊和开放空间。布鲁克林在 1898 年并入纽约这座伟大的城市之前，居民从这 800 多公顷的区域内获得饮用水。[19] 作为这片土地的养护、监管单位，该委员会也被授权在这里建造景观公路，开展休闲娱乐活动。公园系统有助于确保长岛居民获得安全、清洁的饮用水，抵御暴雨、飓风等自然灾害的侵袭，摆脱汽车拥堵，并且使用一流的休闲娱乐设施。也许摩西更被人熟知的是他主张建设的、备受争议的纽约高速公路体系，主要原因是这些高速公路扰乱了当地居民的生活。但是，他对长岛的的确确做出了贡献，即增强了区域的弹性恢复力，让每个人享受宜居的环境（有助于实现社会公平）。作为纽约市公园管理委员会的负责人，他负责的景观公路也达到了同样目的。[20]

重塑城市公共空间，优化居住环境

在未开发的土地上建造类似于波士顿翡翠项链公园体系或长岛公园的公园及景观公路路网，以便营造宜居的环境，这比较容易。然而，在设施完备的城市中获得新的开发用地要困难得多，如果涉及拆迁则难上加难，比如第 5 章所述巴黎街道的建造过程。

俄勒冈州波特兰在这方面堪称典范。近年来，波特兰市政府成功地将大片土地收归国有，并且在土地之上建造了城市公共空间。纽约也同样通过改造碎片化的街区，重新利用公共土地，将分散的数千个约 0.03 公顷的街头小空地进行美化，并串连起来形成绿道（参见下文）。波特兰和纽约的做法证明，若想营造宜居的环境，唯一的途径是：持续增加城市公共空间，改善空气质量，减少噪声，应对气候变化。

俄勒冈州，波特兰的广场 40多年来，波特兰一直致力于收回私有的城市土地，建造广场。这些街区面积不大，收购无须耗费大量金钱、时间，也无须大举拆迁，但它们却对城市公共空间产生了巨大的影响。先锋法院广场建于20世纪，硬质景观与很多欧洲广场非常相似。伊拉·凯勒水景广场（建于1970年）和詹姆森广场（建于2002年）将硬质景观与树木、草坪和其他植被相结合。奥布莱恩特广场（建于1971年）、兰苏园（建于2000年，位于波特兰市唐人街的典型苏州园林风格的花园）和坦纳斯普林斯公园（建于2006年），与萨凡纳的广场很相似，主要是自然景观，植物群涵盖了中国传统园林植物以及美国西北部的草类和树木。这些广场构成了波特兰的城市公共空间。

波特兰，伊拉·凯勒水景广场
（2007年）
（亚历山大·加文 摄）

伊拉·凯勒水景广场历史悠久。经过九年探讨制订出联邦城市重建计划，1952 年政府提出清理被 2300 名居民和 200 家企业占用的 22 公顷 "贫民窟"。[21] 在第一次改造中，该项目仅包括一个新的公共礼堂和配套服务。但四年后，该计划被否决，仅保留街道网格规划且创建综合功能区。新规划最终包括礼堂、办公楼、公寓、购物中心和小公园。公共礼堂的对面区域是该项目最引人注目的地方，是一个 18.6 平方米的开放公共空间，其中包含由劳伦斯·哈普林联合公司景观设计师安琪拉·达纳吉娃（Angela Danadjieva）设计的伊拉·凯勒水景广场的喷泉。

该广场位于街道斜坡地带的中心，可应对美国西北部日常繁忙的交通和常见的暴雨。树木将广场包围，能过滤掉车辆噪声、污染物和颗粒物。树林周围的土地吸收地表径流。广场不仅是成年人的娱乐场所，也是孩子们的游乐场，同时还是当地生态系统的一部分。

40 多年来，伊拉·凯勒水景广场让人们感到快乐，如在水中嬉戏的年轻人、照看孩子的老年人、在广场四周绿荫下漫步和坐在长椅上的中年人。最近，天气干旱，喷泉维修和水压问题亟待解决。然而，只要喷泉保持运行，该广场就是波特兰城市公共空间最成功的例证。

先锋法院广场是单独的城镇开发项目，而并非城市更新项目。因此，为了最大程度地增强吸引力并尽可能多地吸引私人投资，波特兰市政府选择了一块最容易到达市中心的土地。该地块购置于 1979 年，是波特兰城市捷运轻轨通勤系统的一个市中心停靠站。波特兰市政府认识到，该街区有很大的发展空间，于是举办了国际设计大赛，参赛选手提交了 162 个新广场的设计方案。维拉德·马丁带领的当地艺术家和建筑师团队获胜，他们的方案涉及红砖铺路、层叠喷泉、古典柱列、捷运系统售票处、访客信息中心、非正式露天竞技场的半圆形阶梯、星巴克咖啡店，以及一些小型零售店。[22]

先锋法院广场自 1984 年开业以来一直极具吸引力，每年访客众多。诺德

斯特姆公司在广场和萨克斯第五大道的对面开设了店铺。劳斯公司收购了附近的奥兹·金（Olds & King）百货公司，将其改造成风雨商业街廊，主要是一个高 23 米的中庭，环绕着餐厅、咖啡馆和零售店。当地的房地产开发商汤姆·莫耶（Tom Moyer）在诺德斯特姆公司店铺旁边的街区修建了一座包含 10 层电影院的 27 层塔楼，而萨克斯第五大道旁边的街区分布着商店、餐馆和旅游纪念品零售店。苹果公司在该广场上开了一家商店，一些办公楼和商店进驻了附近的几个街区。

波特兰，先锋法院广场（2007 年）（亚历山大·加文 摄）

先锋法院广场不仅吸引了大量的房地产开发项目，塑造了波特兰城市中心框架，同时鼓励当地居民以公共交通工具取代私家车。该广场位于四条轻轨线路交汇处，通勤者可方便地进行换乘，以便到达目的地。得益于轻轨系统，波特兰成功地减少了空气污染和噪声，营造了更加适合居住的环境。

波特兰，詹姆森广场（2007 年）
（亚历山大·加文　摄）

詹姆森广场位于波特兰备受欢迎的珍珠区，曾是伯灵顿北部铁路公司区域整治项目（占地面积 14 公顷）。1987 年，负责该项目的波特兰发展委员会移除了 22 937 立方米的污染土壤[23]，并且在 2 年后举办了一场设计比赛，以便确定该区域的最佳再利用方式。获胜者彼得·沃克（Peter Walker）合伙人景观设计事务所构思了两个全新的公共场所（占地面积 18.6 平方米），周边环绕着住宅区。

詹姆森广场于 2002 年对外开放，与伊拉·凯勒水景广场相似，包括一个水瀑布。因为基地很平坦，所以流下阶梯的水流刚好是孩子们喜欢的高度。父母也可以参加戏水活动或坐在草坪上放松身心。与先锋法院广场一样，不住在广场周边地区的人们可乘坐广场侧面的捷运轻轨到达这里。詹姆森广场的规划设计结合了环境修复技术，旨在营造宜居的城市环境，这是比较少见的。

近年来，这些宽敞的开放空间纷纷扩建，使得波特兰市中心更加美丽，污染减少了，提升了应对恶劣的天气的弹性，这为其他面临同样问题的社区提供了一个良好的示范。

纽约，绿道计划　过去 20 年里，纽约一直通过绿道计划改造对机动车流影响不大的三角形交通岛。该计划始于 1996 年，在纽约市交通运输部和公园与娱乐管理局的共同努力下已取得成功。截至 2013 年底，全市共增加了 2569 个公共空间，占地面积超过 68 公顷，栽种了全新且茂盛的植被，有的甚至是园艺品种。[24]

生长茂盛的树木、灌木丛、草坪、阔叶树和花卉以及公共空间取代了城市道路上的消极空间，这些绿色斑块美化了社区，屏蔽了车辆噪声，使行人愉悦，并改善了空气质量。得益于公共绿化，之前表面吸收太阳能并辐射热量的深色不透水道路铺装转变成重要的环境资产，花卉、灌木和树木可降低温度，为小动物提供浆果和其他食物，为鸟类和其他野生动物迁徙和活动提供小型廊道。此外，绿色植物可以吸收街道噪声并在夏季带来阴凉，可将环境温度降低 2 ~ 4℃，过滤空气中的颗粒物，吸收过往车辆排放的

气态污染物。[25] 一些绿化街道的种植面积大到足以覆盖人行道和休息区，
实际上把街道变成了小型公园。

改善居住环境的交通建设方法

可采用多种交通建设方法来改善居住条件。最直接的方法是在现有的城市
公共空间中增加机动车限行空间，同时减少交通拥堵的区域。很多城市（比
如巴黎、旧金山和波士顿）投资地下车库，把车主从"在路边找车位"的
苦恼中解脱出来。第二种方法是让骑行比开车更加便利，更富有吸引力。
第三种方法是减少进入城市的车辆。伦敦通过对使用市中心街道的机动车
收费用来缓解拥堵（参见下文）。特别值得一提的是，瑞士苏黎世建造了
有轨电车系统，并且配备了计算机系统，相较于私家车，有轨电车享有道
路优先权（参见下文）。

布鲁克林（2010 年）
根据绿道计划，绿地取代了废弃
和较少使用的路面，美化了社区，
吸收了噪声，改善了空气质量
（亚历山大·加文　摄）

司机到达目的地时很难找到停车位，驾驭车辆四处寻转，将一氧化碳和颗粒物喷射到空气中。目的地越具有吸引力，前来的车辆越多，寻找停车位所需的时间越长，空气污染就越严重。减少车辆拥堵和空气污染的一种备受欢迎的方法是建造街道、广场和公园，在城市公共空间中建造地下车库，从而减少街道的交通流量和废气以及街道雨水径流中的颗粒物，同时增加行人的可用空间。

巴黎，圣米歇尔广场，地下停车场（2014 年）
（亚历山大·加文 摄）

旧金山，联合广场（2006 年）
（亚历山大·加文　摄）

旧金山，联合广场　旧金山联合广场建造于 1847 年。原来的街道网格（始建于 1845 年）向南延伸。[26] 虽然联合广场的名字源自美国内战期间的一系列"联邦统一会议"，但近半个世纪以来，这个 1 公顷的矩形区域更像一个公园。周边区域是旧金山最热闹的零售购物区。大量店铺开张，广场的使用方式发生了变化，在 1903 年至 1904 年，广场新建了休息区和中央纪念柱，用来纪念美西战争中美国在菲律宾马尼拉湾取得的胜利。[27]

当时，虽然汽车在加利福尼亚州刚刚流行，但很快"淹没"了旧金山地区。的确，即使经济大萧条也不能阻止汽车潮的出现。1941 年，联合广场再次被改造，增加了可容纳 985 个车位的地下车库。车库取得了巨大的成功，零售活动在该地区稳步增长。

数十年过去了，该地区的人气持续增长，车库顶部的广场变得拥挤。新的问题是如何增加空间。1997 年，城市举办了联合广场设计竞赛，三年后，广场重新开放，保留了纪念碑和棕榈树，增加了阶梯，人们可以坐下来欣赏过往的风景。同时新建了广场转角入口，以及用于户外艺术展览、音乐会和自发性公共活动的大面积铺装区及备受欢迎的户外咖啡厅。自 1941 年开始，广场的每次重建均有助于营造宜居的环境，改善空气质量。

波士顿，邮政广场（2015 年）
（亚历山大·加文　摄）

波士顿，邮政广场　1954 年，波士顿在市中心建造了一座可容纳 950 辆汽车的四层车库，旨在缓解城市道路拥堵，缩短私家车向空气中释放污染物的时间。很遗憾，车库的停车位远远无法满足需求。此外，该地区建筑物密集，几乎没有可用的空间。38 年后，波士顿市政府决定效仿旧金山的做法。

这座城市用可容纳 1400 个车位的地下停车场取代了老车库，车库上方是邮政广场——一个带有咖啡厅、漫步道和休息区的景观公园。除了将汽车从公共场所移除并减少污染物的排放，邮政广场为人们营造了更加宜居的环境，他们坐在长椅上、躺在草坪上、喝一杯咖啡、漫步林荫下。

伦敦征收交通拥堵费　伦敦市政府善于开发新策略：减少车辆数量是修复被污染街道的一种方式，应当建立有助于减少街道拥堵和空气污染的交通定价系统。2003 年，该系统在建设围绕城市商业和娱乐中心的交通拥堵收费区（CCZ，21 千米）时首次使用[28]，对在工作日上午 7:00 至下午 6:00 大部分进入该区域的车辆收费 9 ~ 12 英镑。全电动、插电式混合动力车以及有助于减少碳排放量的其他车辆可享有优惠。

2000 年，每天上午高峰期，有 110 万人进入伦敦市中心。其中，13.7 万人乘坐私家车进入城市，8.8 万人搭乘公交车和小巴，1.2 万人骑自行车，87.1 万人选择铁路、地铁或其他方式。虽然十多年来通勤人员的数量稳步下降，但市区车辆拥挤和空气污染还是对经济和环境造成严重的威胁。

伦敦，牛津街（2013 年）
对在每天最繁忙的几小时内进入伦敦市中心的私家车进行收费，可减少交通流量，提高伦敦市民的生活质量。然而，那些付费进入市中心商业区的私家车以及的士、公交车和其他车辆仍然可能导致交通拥堵
（亚历山大·加文　摄）

2003 年，交通拥堵收费区开始扭转这种现象，选择使用公共交通或骑自行车前来伦敦的人越来越多。到 2011 年，进入交通拥堵收费区的人数下降了 10%。少了 7 万人坐私家车（减少了 49%），增加了 6.6 万人搭乘公交车，2.1 万人骑自行车，93.3 万人选择轻轨、地铁或其他方式。[29] 交通拥堵收费区成功地缓解了城市拥堵、提高了公交车和巴士的服务质量、缩短了人们的出行时间，卡车可以采用更加有效的方式运送货物，交通事故减少了，空气污染得以控制。

虽然有些人苛刻地批判交通拥堵收费区，但更多的人对此大加赞赏，因为交通拥堵收费区减少了交通流量。虽然私家车数量减少了，提高了城市的宜居性并强化了交通动线，但拥堵仍是一个大难题。针对这一点苏黎世找到了解决问题的好办法。

苏黎世，帕拉德广场（2015 年）城市中繁忙的有轨电车以及计算机传感器控制街道上的交通流量，公共交通工具获得道路优先权，使得苏黎世成为独特的行人专用型城市，不到 26％的居民坐私家车或骑摩托车出行（亚历山大·加文　摄）

苏黎世的城市目标 苏黎世人口190万人,当地人希望营造最宜居的城市。这意味着要尽可能多地控制车辆,确保行人和公交车的道路优先权。苏黎世采用了一种独特的方式,不像伦敦那样通过对在高峰期进入城区的车辆征收费用来减少城市内车辆的数量,而是限制车辆和停车位总数。在38万人口占据的88平方千米的区域里,这听起来是不可能实现的。[30] 然而,瑞士人找到了一种行之有效的方法。

该市配备了由4000多个交通探头组成的路网,监测交通流量。交通探头连接到计算机,以监控私家车、摩托车、自行车、卡车、公交车、有轨电车和地面电车的数量来改变交通信号——优先考虑有轨电车和地面电车。传感器在确定城市的车辆数量接近极限时,发出信号,对城市主干道上的车辆采取限行措施,以便降低交通流量,直到拥堵降低到可控水平。[31]

1990年,苏黎世颁布了《停车许可法案》。该法案规定,新的停车位必须在地下建造,并且至少抵用消除一处现有的地上停车空间。[32] 自1996年以来,城市以此为建设目标,拆除了之前很多个地上车库,让位于日常生活空间。

2010年,只有26%的苏黎世市民乘私家车或摩托车出行。其余市民搭乘300辆地面电车(15条不同的路线)、80辆有轨电车(6条不同的路线)、轻轨列车、公交车,或步行、骑自行车出行。[33] 每年的公共交通出行次数超过3亿次。公共交通工具的等待时间不超过3分钟。正如塞缪尔·施瓦茨(Samuel Schwartz)在《街头智慧》一书中所说:"苏黎世的公共交通工具干净、舒适、易于使用,是世界上最准时的,频繁程度令人不可思议。"[34]

漫步苏黎世,随处可见有轨电车。市中心的许多街道只供行人通行。天气好的时候,苏黎世市中心挤满了人,有的在散步,有的在购物,有的坐在露天的咖啡馆和餐馆聊天,有的在搭乘便捷的电车。公共区域为每个人提供了美好的去处,因此人们在城里会看到自在使用公共空间的男女老少。

更加宜人的环境和城市公共空间

环境和城市公共空间都是非常复杂的系统，各种因素组合在一起，相互依存。为了营造适合居住的城市环境，必须考虑环境和城市公共空间之间复杂的相互关系。无论波士顿翡翠项链公园体系这样的大区域，还是纽约绿道那样的碎片化空间，或在巴黎、旧金山和波士顿的地下车库，都需要全面处理环境和城市公共空间的各种问题。这种系统性干预措施对城市公共空间的重塑与改造非常重要，下面介绍两个典型范例——芝加哥湖岸和圣安东尼奥河滨步道。

芝加哥，密歇根湖（1892 年）
芝加哥密歇根湖岸在 20 世纪实行再开发之前一直是垃圾成堆的状态
（芝加哥历史博物馆）

芝加哥湖岸　今天，在芝加哥密歇根湖岸边徘徊的人们只会意识到这里是芝加哥最特别的环境资产，而不会想到其他任何东西。然而在 19 世纪 50 年代，滨水区由码头、木材堆场、岩石、垃圾、铁轨和货运场组成。[35] 在接下来的一个半世纪里，城市通过挖掘和疏浚，将长 53 千米的湖岸改造成一个 1267 公顷的公园，内有 25 个公共海滩、9 个港口（可容纳 5000 艘船）。[36]

这个伟大的改造工程始于 1869 年，伊利诺伊州的立法机构成立了三个独立的公园委员会，负责开发该区域，这里拟建造林肯公园、格兰特公园和杰克逊公园。65 年后，国家立法机关把这三个公园整合成芝加哥公园区，占地面积 4452 公顷，其中包括 570 多个公园、31 个海滩和 50 个自然保护区。[37]

芝加哥，密歇根湖（2008 年）
（亚历山大·加文　摄）

很多人赞成将河岸改造成公园，富有远见的建筑师丹尼尔·伯纳姆（Daniel Burnham）成功地推动了这一转变。他于 1893 年参与河岸设计，担任世界哥伦比亚博览会项目总监。世界哥伦比亚博览会是一个在芝加哥郊区举行的国际博览会，规模类似现代奥运会。在博览会结束之后，伯纳姆针对公园的可持续发展提出了一系列方案。并向芝加哥的商业和市民领袖宣讲了他的主张。1906 年，城市商人俱乐部和商业俱乐部与伯纳姆和他的合作伙伴爱德华·班尼特（Edward Bennett）合作，共同实施《芝加哥计划》（参见第 5 章）。

该计划主张，公园设计为从芝加哥南部一直延伸至威尔梅特的直线形公园。伯纳姆和班尼特认为："如果条件允许，湖岸的外围是沙滩，并且建造一个宁静的绿色空间，一直延伸、倾斜至水面。"[38] 他们主张充分利用垃圾填埋场中的 764 555 立方米垃圾、灰烬和建筑土方作为公园基质。公园建成后，实现了《芝加哥计划》设定的美好愿景：人们在湖边定居和工作，公园为人们提供了绿色空间，为当地野生动物提供了栖息地，同时是阻止密歇根湖洪水泛滥的天然屏障。

圣安东尼奥河的复兴　水是一种资源和必需品，但也可能产生很大的危害。1913 年，圣安东尼奥河河水溢出河堤，淹没了圣安东尼奥市中心，造成 4 人死亡。洪水退去后，人们提出的工程解决方案包括建造溢流槽、建筑挡墙，以便阻挡洪水，并且将部分洪水排入地下管道。1920 年，政府要求将河流（包括穿过中央商业区的马蹄形弯道）扩建至 21 米的标准宽度，并且用陡峭的石墙衬砌。然而，这一计划需要砍伐当地居民喜欢的柏树和其他树木，并禁止沿河种植灌木丛，居民们提出抗议，因此该计划未继续推进。[39]

公共空间

建筑

水系

溢流槽

闸口

圣安东尼奥河滨步道

圣安东尼奥河滨步道
圣安东尼奥在圣安东尼奥河马蹄
形段的两端挖掘了溢流渠，并且
安装了水闸，成功地解决了洪水
泛滥问题。有洪泛威胁时，水闸
关闭，洪水绕过市中心
（约书亚·普莱斯、赖安·萨尔
瓦托、亚历山大·加文　绘）

1921 年，再次发生水灾时，50 人丧生，城市的 27 座桥梁中近一半遭到破坏，政府立即采取了补救措施，建造了高 24 米的水坝，后方有 405 公顷的盆地，扩宽了流入河流的小溪，挖掘了一条溢流槽，将洪水从市中心的马蹄形河段分流出去。[40]

1929 年，当地建筑师罗伯特·胡格曼（Robert Hugman）建议将河流的马蹄部分改造成一个公园。这个想法很受欢迎，但在大萧条时期，这种公园建设项目很难获得足够的资金支持。尽管如此，在胡格曼发表提案九年后，距圣安东尼奥河半个街区内的业主们组建了圣安东尼奥改善机构，为项目提供经费：附近的商铺缴纳一定的税款（每 100 美元估价缴纳 0.015 美分的税款）[41]，发行 7.5 万美元的债券，政府提供 35.5 万美元的工程补助金。于是，这个占地 21 个街区长的公园于 1941 年秋季完工了。[42]

圣安东尼奥河滨步道（1941 年）改造成公园后
（得克萨斯州文化研究所，得克萨斯大学圣安东尼奥分校）

圣安东尼奥河滨步道（2012年）
这里成为全市最热闹的旅游胜地
（亚历山大·加文　摄）

为了建造公园及河滨步行道，圣安东尼奥市暂时抽干河湾中的河水，移植了很多树木和灌木，当时，整个工程一共栽种了11 700棵新树和灌木、1500棵香蕉树和1245平方米的青草，建造了5182米的廊道、21座桥梁、31个楼梯、一个抽水站和一座剧院，并且将河床重新调整至1.1米的标准深度，这个深度对于小型河船来说足够深，也可以有效地防止行人溺水。[43]

第二次世界大战期间和战后初期，河滨步道几乎没有改变。不过，随着城市环境的改善，居民开始在往返市中心的途中使用散步道，游客在沿公园开设的商店里购物、在餐厅里就餐。沿河的建筑物纷纷面向河岸方向开门纳景。

后来，河滨步道进行了扩建，以满足 1968 年赫米斯费尔公园世界博览会
及会议中心和酒店的接待需求。政府和房地产开发商纷纷投资，河滨步道
的使用人数激增。到 2013 年，河滨步道成为圣安东尼奥首选的旅游目的地，
每年吸引 2600 万名游客，游客数量甚至超过了阿拉莫。[44] 这是政府和私
人主体齐心协力、共同修复环境的结果。这充分说明了虽然在很多理论中
和一些人的概念环境治理与经济发展相悖，但改善城市公共空间可以使两
者统一起来。

几十年来，圣安东尼奥河不断演变，经济状况、文化氛围和人口不断变化。
21 世纪初，圣安东尼奥市决定沿河建造更多的公园，而因为此时此刻的社
会经济条件与胡格曼生活的那个时代相差甚远，所以采取了一种截然不同
的方法——较少地依赖商业活动，更多地关注本地景观。

圣安东尼奥，第二任务河段
（2012 年）
该市正在对那些破坏环境的河
道、水道进行修复
（亚历山大·加文 摄）

2002 年至 2013 年，美国陆军工程兵团和圣安东尼奥河管理局与房地产开发商合作，修复了 12 千米长的圣安东尼奥河河滨，共花费 3.841 亿美元，用于防洪、恢复生态系统和改善娱乐区。[45] 与一个半世纪之前的纽约中央公园一样，公园建设工程需要进行大量的挖掘、改造和重建。新景观与之前的景观有很大的不同。颇具讽刺意味的是，21 世纪的人们更加关注恢复"本土景观"——这与奥姆斯特德和沃克斯考虑的恰恰相反。

现今的圣安东尼奥河段，石头、水池、鱼类栖息地、绿色植物种植以及数以千计新种植的树木结合在一起，娱乐设施与本土景观和停车场交叉布置，人们把车停在入口，步行进入公园。不断演变的景观还包括徒步旅行和骑行的小径、野餐桌、儿童游乐设施、休息区、篮球场、公共厕所、介绍当地动植物和文化历史的教育性标识牌，以及高尔夫球场等。

城市公共空间的管理和运营

人们在城市公共空间中进行着各种各样的活动，但即使是精心设计的区域，时间长了，也会功能衰退、情况恶化，就会导致来到城市公共空间的人日益减少，人们无处可去，有可能引发一系列社会问题。因此，城市公共空间需要持续性的管理和运营。

20 世纪中期，美国的城市公共空间开始走向衰败，用于安保和环境卫生服务、街道和公园维护、更换过时和破碎的街道家具的政府预算大大缩减。在纽约，此类公共预算在 20 世纪 70 年代中期少之又少，达到极限。1978 年，纽约市规划委员会解释说："过去三年，城市总共花费的钱不到之前五年每年花费的 1/4。街道坑洼，公园损坏，桥面倒塌，车辆数量令人担忧，很多基础设施停止运行。"[46] 可见，公共预算的减少导致城市公共空间急剧恶化。

在很多城市，市民领袖通过私人筹资来提供公共服务，与非营利机构合作，对城市公共空间进行修复。纽约公园系统、第三十四街（参见第 6 章）、时代广场（参见第 8 章）和布莱恩特公园（参见第 5 章）的衰落和复兴，说明了提供管理和运营服务以确保城市公共空间永葆活力的重要性。

纽约的公园管理　人们首次使用城市公共空间是出于好奇，如果城市公共空间干净、安全且具有吸引力，令人感到舒适，人们便会再次使用。罗伯特·摩西于 1934 年至 1960 年担任纽约城市公园理事时，纽约市的公园运营良好，但他离职后资金枯竭，公园迅速恶化。之前公园维护预算约占城市年度预算为 1.5%；20 世纪六七十年代，城市减少了公园管理人员的数量和费用支出。结果可想而知，公园的自然条件恶化，利用率降低，犯罪率升高。

1979 年，爱德华·科赫（Edward Koch）市长任命伊丽莎白·巴洛·罗杰斯（Elizabeth Barlow Rogers）为首位中央公园管理员，情况随之发生好转。第二年，在罗杰斯的推动下，成立了中央公园保护协会，这是一个非营利机构，致力于号召市民捐款，有 75% 的公园维护和运营费用来源于此。

1980 年，科赫市长任命塔珀·托马斯（Tupper Thomas）担任布鲁克林未来公园公司的首位高级管理人员，随后成立了未来公园联盟，这是一个非营利机构，类似于中央公园保护协会。曼哈顿获得的私人捐献较少，尽管预算有限，但布鲁克林未来公园公司与未来公园联盟密切合作，鼓励当地居民和企业参与决策。

纽约，曼哈顿，中央公园（20
世纪 80 年代）
中央公园年久失修，走向衰败。
中央公园保护协会积极筹款，
扭转了多年来公园的恶化趋势。
2015 年的中央公园已经焕然一
新
（莎拉·锡达·米勒，中央公园
保护协会）

事实上，未来公园联盟鼓励公众参与各种公园活动，包括故事会、漫步于
大自然、健身班、音乐会、歌舞会（比如夏季户外表演艺术节）。此外，
该联盟号召市民积极协助公园管理人员，一同加强公园的管理和维护。

政府联合非营利机构和市民领袖，一起筹措资金，对园区进行管理和维
护，有助于改善公园的运营状况。20 世纪 90 年代，城市管理人员将公园
维修预算缩减至摩西任职时的 1/6，但得益于这种分工协作的机制，并调拨
3000 名工作人员，各地的公园有了明显的改善。

此外，公园管理部门在各大高校进行招聘，很多刚毕业的学生加入公园管
理部门，接受职业培训，并启动严格的员工绩效考核制度。他们参与新发
起的公园检查工作，在现场检查时拍摄照片，编制报告，对公园的情况进
行实时的统计，以便公园管理部门根据这些实时数据，更好地制订管理、
维护、修复方案。[47] 此外，公园管理部门征求附近社区居民以及社区委员
会的意见，采取一些增补措施。[48]

中央公园的改善得益于不断强化的管理。根据相关的统计数据，1985 年中
央公园接待大约 1200 万人，但这里的犯罪率也很高，有接近 1000 例的犯

罪案件。2013年，人数增加了3倍以上，但犯罪案件不到100例。[49] 30年来，在伊丽莎白·巴洛·罗杰斯和道格拉斯·布隆斯基（Douglas Blonsky，自2004年担任中央公园管理人员）领导下，中央公园全体员工（350人）联合成千上万名志愿者对公园进行不间断的管理和维护。

不断完善的城市公共空间

1800年，伦敦、巴黎和维也纳已经是世界著名城市，而波士顿的规模还比较小，芝加哥、波特兰、旧金山尚未形成。1900年，这几个新兴城市初具规模；2000年，它们在愈发强大的同时不断调整，以便营造宜人的环境，解决城市公共空间面临的种种问题；21世纪，这种情况仍在持续。

每个城市的公共空间面临的挑战也不尽相同，例如波士顿后湾区，城市公共空间面临的挑战来自市民倒入水渠的垃圾；而对于伦敦或旧金山，这种挑战来自机动车占据大量的城市空间；或者这种挑战来自自然灾害，如圣安东尼奥河的洪水。一些城市通过治理城市公共空间的拥挤来应对这些挑战，另一些城市通过扩大规模来适应市民不断变化的需求，或结合不同的策略，不断地改善城市公共空间。无论采用哪种方法，正如本章所述，营造宜居的城市公共空间、增强区域的弹性修复力、修复受污染的区域，有助于城市的稳定和经济的发展。

布鲁克林，长草坪，未来公园（2006年）
未来公园联盟通过在公园举办特别活动来吸引更多的人（亚历山大·加文 摄）

伦敦，海德公园，演讲角（2013 年）
（亚历山大·加文　摄）

形成市民社会

我在前往伦敦摄政公园的路上决定再次游览海德公园。在那里,我看到不同信仰、不同爱好的人们各自聚在一起,做着自己的事情。后来,我走近演讲角,看到一小群人聚集在一起讨论着什么,每个人提出自己的观点。我发现,尽管人群聚集,但公园里几乎看不到垃圾,人们将垃圾扔进指定的垃圾桶;人们秩序井然,没有出现任何骚乱。我想,不同的人和睦相处,这是多么美好!

城市公共空间不能自理,人们必须加以管理。想象一下:由于人们乱扔垃圾,垃圾才会覆盖街道、广场、公园或其他公共空间;由于垃圾箱未按时彻底清空,垃圾才会溢出;由于人行道年久失修,监管不到位,道路才会出现裂缝,破碎不堪。以上这些说明城市公共空间与居民之间是相互作用的。也就是说城市公共空间的访客、在城市公共空间里开设店铺的业主、负责维护的政府机构以及在该地区生活和工作的人,都应当好好"照料"城市公共空间。

伦敦，海德公园（2013年）
印度教信徒在公园里游行
（亚历山大·加文　摄）

如果城市公共空间得到很好的管理和维护，那么这些问题将得到补救、解决，甚至可以消除，从而推动社会的进步。

在一些城市中，肮脏的街道和高级大道并存，而高级大道往往能得到良好的管理和维护。很难想象巴黎香榭丽舍大道、伦敦摄政街或其他城市的主要街道处于破损状态。市民通常非常关心这些主要街道，以防它们被污染，而游客们在这里也会格外留意自己的行为。于是，市民积极地改善环境，实现共赢。

政府在管理和维护香榭丽舍大道和其他著名的城市公共空间方面扮演着重要的角色。另外，正如我们所见，还有一些朴素、不起眼的地块同样构成了精彩的公共空间。迈克·莱顿（Mike Lydon）和安东尼·加西亚（Anthony Garcia）在《战术城市主义：长期变革的短期行动》一书中论述了市民活动家为改变和改善城市公共空间而采取的小型、渐进式且易于实施的行动。[1]比如，进行铺面整修，创建自行车路径，安装寻路标志，在公共场所放置桌椅设置临时休息区，将空置的城市空间改造成小公园，对社区进行小规模的改进。他们通过行为证明，城市公共空间作为城市的一部分，体现了空间环境与用户之间的相互作用。这种相互作用形成了市民社会。但是，这种相互作用由什么构成？又是如何发生的呢？

纽约，曼哈顿，中央车站（2011年）
成百上千个形形色色的人们在中央车站大厅里来去匆匆，却很少撞在一起或发生冲突
（亚历山大·加文　摄）

纽约中央车站是伟大的城市公共空间促进市民社会形成的典型范例。在中央车站大厅，成百上千人匆匆忙忙赶车，去上班或前往其他目的地。令人惊讶的是，人们秩序井然，很少撞在一起或发生冲突。人们相互之间分享空间是不够的，不侵犯他人的空间、不干涉他人的权利，才是市民社会的一个重要特征。

市民社会必须做到平等地对待每个人，平衡个人行为和集体利益，使各方主体和睦相处。然而，这还不够，这只是为了避免伤害他人。人们还需要一个场所可以自由地表达观点，与他人共事，抗议不适当或破坏市民社会的行为，与他人一同推动社会的进步。海德公园做到了这些，这里就是一个市民社会。

1536 年，亨利八世（Henry VIII）国王获得了海德公园这块土地，将其作为皇家狩猎保护区。后来，该公园向公众开放。1851 年，公园管理权转交至皇家公园机构。此后，这里成为市民表达愤慨、和平抗议和示威游行的

伦敦，海德公园（2013 年）
自坎伯兰门步行至骑士桥，这种
运动备受伦敦市民的欢迎
（亚历山大·加文　摄）

聚集地，同时提供休闲娱乐设施，天气晴朗时，可容纳成千上万名游客在此处活动。

海德公园里最受欢迎的景观是从坎伯兰门到骑士桥。很多人在早晨和傍晚从坎伯兰门步行至骑士桥，一路上欣赏美丽的风景，看着过往的人群。[2] 这段步行道上栽种了很多树木，还有大片草坪，成为伦敦的一个旅游景点。

海德公园里的休闲娱乐设施吸引了大量人流，其中水晶宫最有名。该建筑的建造缘于 1851 年世界博览会，吸引了来自世界各地的数十万名游客。展会结束三年后，该建筑被搬到郊区，1936 年毁于一场大火。其他受欢迎的当代设施包括丽都咖啡厅、九曲湖上的租船亭和节假日期间的溜冰场。很多人来参加这里全年的各种活动，尤其是圣诞节和元旦前，这里会举办丰富多彩的活动，比如冬季仙境、圣诞节购物会、马戏节目等。

伦敦，海德公园，冬季仙境
（2013 年）
（亚历山大·加文　摄）

伦敦，海德公园（2013年）
繁忙的公园管理员正在疏导交通
（亚历山大·加文　摄）

海德公园的景色、设施和活动极具吸引力，人们学着分享城市公共空间，为形成市民社会奠定了良好的基础。

海德公园的演讲和示威游行活动可追溯至 19 世纪，这体现了城市公共空间在创建市民社会方面所发挥的重要作用。人们不遵守规则时，警察会到公园维持秩序。1866 年，经过当地警察局的认可，海德公园专门留出了空间，让人们进行辩论、讨论、公开演讲、示威游行。[3] 六年后，海德公园建造了演讲角，只要活动的内容无关淫秽、不破坏和平，便可以大胆进行。[4] 为了确保人们在这里更好地行使权利，公园管理部门聘用公园管理员，负责疏导交通、提供帮助，以及防止出现不道德或违法的行为和意外事故。

哥本哈根，弗雷丹戈德街（2006 年）
自行车骑行者通过手势示意转弯
（亚历山大 · 加文　摄）

城市公共空间是形成市民社会的一方"沃土"

每个人在海德公园都觉得很舒服，他们自由地表达观点、参加活动，自身的合法权利不被侵犯。这是市民社会的本质。如果公园里的人越来越多，甚至达到空间的容纳极限，那么人们的权利就会受到威胁。因此，应当对城市公共空间加以管理，塑造公民行为，以此提高空间利用率。海德公园做到了这一点。

丹麦是一个高度文明的国家，社会监管机制非常健全。国家制定了条例，鼓励团体活动，采取法律措施和道德手段避免社会冲突。比如，在受保护的自行车道上，自行车骑行者通过手势示意转弯，这既是一条法律规定，也是一项道德规范。

市民社会是经验传承、政府实践、法规和管理技术相结合的产物。海德公园是公众表达愤慨、游行示威的一个聚集地，这就是市民社会的例子。每个伟大的城市都有一些类似于海德公园的地方。然而，有时简单的规则变化不足以维护城市公共空间。即使是在精心设计的地方，如果人流

过多，公共服务的质量就会大大降低。因此，很多美国城市成立了城市
公共空间改善机构或其他类似的组织，以确保街道、广场和公园等发挥
应有的作用，推动市民社会的形成。[5]

除此之外，城市公共空间通常是公民抗议和示威游行的场所。评论家迈克
尔·金梅尔曼（Michael Kimmelman）说过："城市公共空间的冲突总是
关于管理与自由的对抗、同质与多元的对抗。"[6] 有时，城市公共空间成为
斗争的所在地或重大事件的发生地，比如俄罗斯圣彼得堡冬宫广场和莫斯
科红场的抗议活动，以及伊斯坦布尔塔克西姆广场和开罗塔利尔广场的抗
议活动。

哥本哈根的街道 行人、自行车骑行者，以及私家车和公交车司机的礼貌行
为在哥本哈根随处可见。即使乘客在交通繁忙的街道上下巴士时，也能经
常遇到这种有礼貌的行为。本地居民以高效、友好的方式去往他们各自的
目的地，而不互相干涉。很显然，哥本哈根市的管理者希望城市中的自行车、
送货车、公共汽车和私家车都可以随时随地利用街道安全地前往目的地，
这是高度文明的行为，也因此形成了富有特色的市民社会。

哥本哈根，蒂特根街（2014 年）
行人、自行车骑行者以及私家车
和公交车司机的礼貌行为为他人
带来了便利
（亚历山大·加文 摄）

20 世纪 20 年代，哥本哈根对自行车路网加大了投资，旨在减少冲突，降低交通量，倡导人们做出礼貌的行为。庞大的自行车路网将城市的每个部分连接在一起，很多人选择骑自行车出行（今天依然如此）。2010 年，自行车路网长约 396 千米，人们骑着自行车便可到达城市各地。[7] 2005 年之前，人们更倾向于骑自行车上班，而并非乘公交车或开车。[8] 自行车融入了人们的生活，减少了交通堵塞和开车的麻烦，而骑自行车类似于有氧健身，有益于身体健康。据统计，政府每年可减少约 9100 万美元的公共医疗服务费用，这归功于骑自行车。[9]

哥本哈根，街道（2014 年）
人们在街道上忙碌着：骑自行车、前往咖啡馆、推着婴儿车、送货、参观游览等，人们在没有路缘带或交通信号灯的情况下仍然秩序井然，形成显著的市民社会
（亚历山大·加文　摄）

除了提供自行车道，哥本哈根对很多市中心道路上的车辆通行进行限制。值得一提的是，有些街道采用宜居型的设计方式。宜居型道路，即一条完整的街道可确保所有人通行，无论年龄、目的或行为（坐着、站立、步行、骑自行车、驾车、接人、交货）。[10] 因此，街道并不完全是线性的。[11] 有的街道允许汽车通行，但没有路缘，且允许咖啡馆和餐馆沿街经营。街道的某些地方，通过道路标志来确定货车和汽车可暂时停放的地方，进一步调节交通流量。汽车和自行车沿着这条相对狭窄、拥挤的街道缓缓行驶，绕过障碍物，与步行者、餐厅消费者和观赏橱窗的游客和谐共存。通过这种方法，每一位街道用户保护他人的隐私，不侵犯他人的空间。

哥本哈根的城市公共空间在推动市民社会的形成方面非常成功。城市公共空间鼓励人们自我表达，为节日庆典和示威游行活动提供场地。

圣彼得堡，冬宫广场 圣彼得堡冬宫广场（现称"国家冬宫博物馆"，陈列着各种艺术品）竣工于 1762 年，是城市公共空间推动市民社会演变过程

圣彼得堡，冬宫广场（2014 年）
白天，人们在这个大型广场上显得非常矮小
（亚历山大·加文　摄）

的典型范例。1834 年，为了庆祝俄罗斯沙皇亚历山大一世在战争中击败拿破仑取得胜利，政府在广场中心竖立了一座高 47.5 米的红色花岗岩亚历山大凯旋柱。[12] 这个巨大的室外空间占地面积 49 982 平方米，面向冬宫广场的一座半圆形建筑物占主导地位。[13] 该建筑物于 1829 年建成，是俄罗斯军事总参谋部、财政部和外交部的所在地。此外，还包括连接广场与城市主干道涅夫斯基大街的双重凯旋门。

19 世纪，人们因集市、比赛、庆祝活动和宗教假期聚集到冬宫广场，比如谢肉节，这是在大斋节最后一周举行的传统的俄罗斯东正教活动。此外，冬宫广场是游行、抗议的场所。1905 年 1 月 22 日，工人们在冬宫广场上控诉沙皇，争取合法权益。成千上万名示威者穿过广阔的林荫大道，前往冬宫广场，2000 名士兵向他们开枪，广场上尸体遍布，鲜血染红了落雪，由此引发了著名的 1905 年俄国革命。[14]

1920 年 11 月 7 日，广场上 8000 名演艺家和 500 名音乐家上演了一场"冬宫风云"。[15] 人们高声唱着《国际歌》，反对沙皇的独裁统治，呼吁建立民主、自由的社会。

之后，冬宫广场的公共活动越来越少，只有第二次世界大战胜利纪念日游行和五一节庆祝活动等少数常规活动。冬宫广场上公共活动的减少反映了当地市民社会的衰落。直至 1991 年，情况发生了转变。

21 世纪初，冬宫广场再次成为游行、音乐表演、节庆、展览会等活动的聚集地。在元旦、宪法日（庆祝 1993 年宪法通过）和城市日（欢庆圣彼得堡建立），广场上举行节日庆祝活动。

2014 年 6 月，我在前往冬宫博物馆的途中来到冬宫广场。白天，这里游客众多。晚上 10 点日照依然很足，街头艺人身穿戏服，寻求路人打赏；自行车骑行者穿过广场，匆匆离去；一个男人和他的孩子在打曲棍球；几个滑滑板的人玩得不亦乐乎；大约 80 个年轻人在观看四位音乐家的演出。冬宫广场曾经作为政治事件发生地和革命舞台，而如今再次回到广大市民的怀抱。

圣彼得堡，冬宫广场（2014 年）
圣彼得堡的夏季，白昼时间很长，
很多市民在广场上举办小型音乐
会或讨论着感兴趣的话题
（亚历山大·加文　摄）

莫斯科，红场　提起冬宫广场，人们便会想起很多具有重大意义的历史事件。然而，广场也是一个社交场所。比如，数以万计的人在复活节、圣诞节和其他节日期间聚集在罗马圣彼得广场，在劳动节聚集在底特律凯迪拉克广场上听演讲。莫斯科红场也是这些广场中的一个。

红场虽然只有冬宫广场的一半大（23 000 平方米），却更加著名。这里是克里姆林宫所在地，克里姆林宫是俄罗斯最著名的公共建筑群、俄罗斯政府办公地，除 1712 年至 1728 年、1732 至 1918 年圣彼得堡是俄罗斯的首都外，它一直是俄罗斯政府的所在地。[16]

莫斯科，红场（2014 年）
（亚历山大·加文　摄）

几个世纪以来，红场是公共活动、节日演出、庆祝活动、交易会等的举办地。除了克里姆林宫，红场还是瓦西里升天大教堂（洋葱形圆顶，俄罗斯最著名的宗教建筑，标志性大教堂）、喀山大教堂（为纪念 1612 年在与波兰的战争中取得胜利）、罗波诺耶梅思托平台（位于瓦西里升天大教堂前，曾用于举办各种重大仪式，建于 1534 年）、古姆国立百货商场（1893 年开业，大型百货公司）和列宁墓（大型花岗岩建筑物）的所在地。[17] 这些建构中的每一个都承载着重要的活动、一些独特的事件和其他常规的仪式事件。

城市公共空间推动市民社会的发展

大型的城市公共空间，比如冬宫广场、红场和曼哈顿时代广场，有助于形成市民社会，它们承载着某种特殊的历史记忆，具有很强的文化价值。

在美国，地方政府经常削减每一个运作良好的城市公共空间所需的公共服务和管理，特别是在经济困难时期。这些削减不可避免地导致城市公共空间的状况不佳，随之而来的是公共秩序愈发混乱。纽约在这方面最典型。时代广场周边惊慌的业主和企业在面对城市公共空间的恶劣条件、公共服务的严重不足，以及随之而来的犯罪率升高时，设计并出资采取了卓有成效的补救方案。

纽约，曼哈顿，时代广场　　时代广场的景观和活动丰富多彩，附近是纽约剧院区，有数十个剧场。新年前夜，大约 50 万人来到时代广场，他们精心地打扮，在这里迎接新年或去剧院观看演出。此外，很多游客在霓虹灯和 LED 屏幕下吃热狗和披萨。

起初，时代广场位于一个蝴蝶形的十字路口处，其面积是圣彼得堡冬宫广场的 1/6。[18] 该地区人烟稀少，大多数人居住在广场的南面区域。美国南北战争期间至 20 世纪初，这个十字路口被称为长亩广场，分布着马厩、运输公司和零散的店铺。那时，集中在联合广场周围的娱乐产业向北转移，酒吧、音乐厅和剧院较多地分布于广场南面 1.6 千米处。[19]

19 世纪的最后十年，娱乐业开始扩展到第四十二街，该街道闪耀着灯光，遍布着中上等的剧院、餐厅和咖啡馆。[20]1895 年，奥林匹亚剧院向市中心的剧院北面行政区"进军"。九年后，城市的第一条地铁在第四十二街设置了车站，《纽约时报》将总部搬到奥林匹亚剧院对角的新建筑物里。"长亩广场"更名为"时代广场"。

以后的几十年，很多报社和杂志社搬到这里，娱乐业在此生根发芽。1926 年，该广场成为 66 家百老汇剧院和几十个马戏团、音乐厅、模仿秀表演厅及电影院的驻扎地。[21]

大萧条时期导致了该地区的第一次衰退，这促进了一些剧院转为电影院。音乐剧的黄金年代和第二次世界大战后的旅游复兴，扭转了衰退趋势。这是该地区许多次复兴中的第一次，以 1951 年艺术家朱迪·加兰（Judy Garland）第一次在皇家剧院重新开始每天两次杂耍表演为象征。[22]

纽约，曼哈顿，时代广场（1902 年）
（纽约城市博物馆）

下一次复兴发生在 20 世纪 60 年代末。房地产开发商购买剧院并拆除，建造大型现代办公楼。城市重新规划了剧院区，允许房地产开发商建造办公大楼条件是必须同时建造一个新的剧院。于是，这里新建了五个剧场，这是自大萧条以来首次增加剧院场地。[23]

纽约,曼哈顿,时代广场（2014 年）
21 世纪的第二个十年，很多交通主干道禁止机动车通行，改为行人专用区
（亚历山大·加文　摄）

为了吸引更多的人，1968 年，纽约剧院创立了戏剧发展基金会。该基金会是非营利组织，任务是宣传戏剧作品的艺术价值，吸引不同的观众参与戏剧和舞蹈项目。五年后，时代广场十字路口的北端处设置了一个折扣售票亭，以较低的价格售卖演出的余票，以吸引更多的人，同时刺激了当地的市场需求。

20 世纪 70 年代，纽约面临更严重的财政危机（参见第 6 章和第 7 章），第四十二街、时代广场等主要东西向廊道越来越破旧。最初，万豪伯爵剧院的资助建设以及百老汇和第八大道之间第四十二街两侧的收购和重建项目扭转了该地区的衰败。[24] 华特迪士尼公司修复并重新开放了新阿姆斯特丹剧院，主流商店取代了低端零售商铺，单厅电影院改为多厅影城，四个剧院重新开放（其中一个将两个旧剧院合并在一起），第七大道和第八大道的沿街面成为高层办公楼和酒店的所在地。

两项被低估的公共措施为推动时代广场的发展发挥了积极作用：① 1987—1988 年颁布的照明标志和补充设计要求；② 1992 年成立的时代广场联盟。早在陷入第一次衰退之前，时代广场的照明便已闻名整座城市，几十年后依然如此。20 世纪 80 年代，房地产开发商开始建造新的办公大楼，市政府担心此举对该地区的霓虹灯造成破坏，于是要求新建筑物至少提供一个照明设施，临街建筑纵向每 15 米至少预留 93 平方米的照明面积。这些照明设施散发着光亮，震慑着各种违法犯罪行为。据统计，该地区的刑事案件减少了 75%，远远低于纽约其他区域。[25]

时代广场联盟负责在该地区及周边举办各种活动，比如新年倒计时以及夏至大型户外瑜伽活动（2013 年吸引了 1.4 万人）[26]。这些活动非常有效地扭转了人们对时代广场和第四十二街的负面看法，很多企业在这里设置了总部，零售商铺和休闲娱乐俱乐部纷纷进驻。该联盟致力于提供公共服务，帮助广场吸引更多的人。

纽约，曼哈顿，时代广场
（2014 年）
时代广场联盟建了一些台
阶，阶梯下面提供出售打折
票的空间。游客登上台阶，
看着过往的人群和广场上的
演出
（亚历山大·加文　摄）

1999 年，时代广场联盟、戏剧发展基金会、范艾伦研究所等地方团体针对新的折扣售票亭进行了一系列设计研究和设计竞赛。比赛结果是建造一个带有朝南座椅的红色玻璃楼梯及楼梯下朝北的售票窗口。此外，由于红色玻璃楼梯并不能为广场上的人们提供足够的座位，时代广场联盟设置了可移动的桌椅，增加了行人的活动空间。

在前纽约市交通局局长珍妮特·萨迪克 - 汗（Janette Sadik-khan）与时代广场联盟的推动下，城市公共空间变得更开敞、更安全、更好客。百老汇第四十二街至第四十七街禁止车辆通行，改变了沿第七大道向南行驶的行动流线。因为百老汇沿对角线横穿街道网格，所以禁止车辆通行后将所需的交通信号灯从 3 个减少到 2 个，交通流量加速 17%。[27] 更多的行人使用这条曾经满是机动车的道路，不必担心被机动车撞到。2004 年至 2009 年，平均受伤人数下降了 14%。[28]

有时，广场上举行的活动可能引发冲突。因此，有必要加强管理甚至重塑城市公共空间。比如，时代广场联盟安排 70 名卫生工作人员和 50 名安保人员，确保时代广场及周边地区安全、干净、有吸引力。很多曾经认为时代广场很脏乱、很危险的人改变了看法，认为时代广场非常安全、值得一去。2012 年，星期六上午 8 点至中午，来到百老汇第四十六街和第四十七街的人自 2002 年的 4.86 万人次增长到 14.23 万人次 [29]，犯罪率下降了 48% [30]。

2015 年，每天约有 48 万人经过或参观这个世界上最繁忙的广场 [31]，时代广场是游客的拍照地、青少年的玩乐地、去剧院观看表演的人的聚集地、高级办公楼和连锁零售店铺的所在地。露天毒品交易、妓女拉客和其他社会乱象已踪迹全无。[32] 越来越多的人进入时代广场，为了更好地维持秩序，时代广场联盟在广场上增设了警务值班室。

时代广场的发展历史说明，可采用以下三种方式有效地管理城市公共空间，推动市民社会的发展：① 调整城市公共空间的配置；② 改变城市公共空间的使用规范；③ 改进管理方法。得益于这三种方式，霓虹灯和 LED 屏幕点亮了时代广场这个曾经的"十字路口"。

纽约，曼哈顿，时代广场（2014年）
时代广场吸引着社会各界人士（甚
至包括"米老鼠"和"蜘蛛侠"）。
有的人认为这些街头艺人在取悦游
客，有的人认为他们是有进取心的
乞丐，纷纷与其拍照留影
（亚历山大·加文　摄）

城市公共空间鼓励人们自由地表达观点

海德公园、冬宫广场和红场为人们的自我表达创造了便利条件。人们聚集在广阔的公共空间里表达自己的观点，同时尊重表达观点的其他人。19 世纪中叶，海德公园建造了演讲角，并通过法律以及规范公共活动的措施，强化了城市公共空间的"自我表达"功能。

在海德公园等大型空间里创建市民社会比较容易。然而，有些城市公共空间可能无法提供自我表达的环境，比如哥本哈根的某些街道。因此，在政府的倡导下，改变了街道的使用规范，取消路缘石或其他路障，为人们提供更多的公共空间，号召大家彼此尊重。

此外，为了应对城市公共空间的日益拥挤和其他问题，应当成立不同的机构，各司其职。比如，时代广场联盟联合其他组织共同设计、管理和规划时代广场，使时代广场比过去更安全、更干净、更繁荣，一改 20 世纪 70 年代的"脏乱差"。城市公共空间设计精良、管理完善、经营良好，极大地推动了市民社会的形成和发展。

伦敦，克利夫兰广场（2013年）
（亚历山大·加文　摄）

利用城市公共空间，
塑造城市生活

伟大的公共空间（无论街道、广场、公园，抑或其他公共空间）必须具备一系列特征：对公众开放，人人均可使用，吸引并保持市场需求，提供城市框架，营造宜居的环境，形成市民社会。此外，伟大的公共空间影响着人们的日常生活。

在大多数地方，公共空间是随着人们活动的改变而演变的。随着社会的发展，公共领域的变化需要有能够代表使用者利益的组织来运营、维护、管理。因此，了解这样的组织以及以及他们的具体工作内容是很重要的。

空间归属问题

与财产一样，城市公共空间可以是私人、共有或公共的。人们本能地知道什么是"我的"，什么是"别人的"，其余的便是"公共的"。其实不然。比如，在住宅区里，业主分享的休憩用地是共有的。我认为，房主的院子是私人的开放空间，公寓内的通道是共有的开放空间，城市街道是公共的开放空间。

即使是租来的房子，并没有产权，人们也仍然称之为"我的"家。通常伦敦和英联邦其他地区的建筑物不归居民所有，而居民可以根据 99 年或更长期限的租契合同居住于此。该地区的街道、广场、公园以及其他类型的城市公共空间也是如此。居民进行的活动不仅影响城市公共空间的形状、特性和用途，还极大地改变城市生活，比如伦敦的广场、明尼阿波利斯的公园、马德里的街道，都是居民活动的关键部分。

定义城市生活

在罗马人建成伦敦的 16 个世纪之后，伦敦人口还不到 8 万人。业主围绕他们的私有广场进行地产开发，这决定了伦敦地产开发的特征和发展规律。这个时期大约建造了 400 个广场，定义了伦敦人的日常生活以及城市的旅游、大学和商业活动。

在美国，明尼阿波利斯市决定建造公园时，人口也大约 8 万人。与伦敦的广场一样，这里的公园系统在一个多世纪以来定义着人们的日常生活。今天，这些公园仍然为城市居民提供各种休闲娱乐设施。

有些城市不断地更新城市公共空间，以便应对不断变化的市场需求。比如，马德里在过去的五个世纪建造了完善的城市公共空间，到 2000 年，马德里的城市公共空间可容纳将近 290 万人。多年来，马德里致力于改变街道上的活动模式，以确保城市公共空间持续繁荣，这同时影响着市民的日常生活。

伦敦的广场　　自 1631 年考文特花园开始，伦敦建造了一系列广场（比如孚日广场，参见第 5 章），并且在 20 世纪初将建造广场作为城市化的一种手段。[1]1931 年出台的《伦敦广场保护法》在伦敦郡确定了 461 个广场及附属空间。[2] 尽管这些广场所占面积较小，却对伦敦的生活产生了巨大的影响。

1631 年，弗朗西斯·罗素（Francis Russell，贝德福德的四世伯爵）委托建筑师伊尼哥·琼斯（Inigo Jones，1573—1651）设计英国国王 90 年前授予该家族的土地。[3] 考文特花园由此诞生，它是伦敦第一个真正意义上的广场。[4] 与孚日广场一样，考文特花园的四周环绕着拱廊建筑物，房地产开发商在花园附近盖起了住宅区。考文特花园的外观与孚日广场截然不同，花园中雄伟的教堂占主导地位。从 20 世纪末开始，这里备受伦敦市民和游客的欢迎。

当时伦敦的很多区域归皇室和贵族家庭所有。拥有考文特花园产权的贝德福德庄园以及其他家族都想通过建造广场来获益。他们纷纷建造围墙、景观空间，将区域细分为街道、街区、地段和开放空间，实际上丰富了城市公共空间。

① 拉德布鲁克广场　　　⑥ 卡多根广场　　　　⑪ 伯克利广场　　　　⑯ 戈登广场
② 克利夫兰广场　　　　⑦ 贝尔格雷夫广场　　⑫ 汉诺威广场　　　　⑰ 塔维斯托克广场
③ 苏塞克斯广场　　　　⑧ 布莱恩斯顿广场　　⑬ 菲茨罗伊广场　　　⑱ 罗素广场
④ 翁斯洛广场　　　　　⑨ 蒙塔古广场　　　　⑭ 苏豪广场　　　　　⑲ 巴恩斯伯里广场
⑤ 埃杰顿广场　　　　　⑩ 格罗夫纳广场　　　⑮ 莱斯特广场

皇室和贵族将这些区域租给房地产开发商。房地产开发商在区域里建造了街道和广场，进行项目融资，并且与砌砖工、木匠和其他工匠签订合同。街道和广场建成之后，房地产开发商将它们出租给商户、住户来赚钱。如果租金超过了开发成本，开发商们就会有可观的利润，反之，承租人要么承担损失，要么宣布破产。[5]

这些土地的标准租赁期限是 99 年。此后，财产（土地和建筑物）将恢复产权所有权。这些财产可以承租给出价较高的人。然而，承租人有权在租期到期之前与房地产开发商重新协商。

这与美国标准土地所有权的法律规定截然不同。租赁的好处是，主要的土地所有者通常拥有足够的资金，在周边地区进行土地投资。作为广场周边地区的业主，因为他们是投资的最大受益者，所以有理由这样做。

在伦敦房地产租赁方式存在的四个世纪中一共出现了三种广场：以莱斯特广场和罗素广场为代表的广场，曾经是私人财产，现在是城市公园里的广场；以伊斯灵顿区的广场为代表，政府从业主手中征用过来，为了增进周边居民的福祉而建造；其余广场仍然由最初的房地产管理机构所控制。

伦敦，考文特花园（2013 年）
这是伦敦的第一个广场，房地产开发商在广场建造过程中发挥了至关重要的作用
（亚历山大·加文 摄）

第 240 页图：伦敦的房地产开发商建造了 400 多个广场（深绿色）。它们与公园（浅绿色）一同为伦敦提供了开放的城市空间框架
（欧文·豪利特、亚历山大·加文 绘）

孚日广场由外观相似但设计独特的建筑组成，让人们拥有了强烈的空间归属感。伦敦的房地产开发商经常建造一些独特的建筑物，它们共同呈现出一种富丽堂皇的建筑外观。比如格罗夫纳广场，这是一个由房地产开发商、砌砖工、木匠和建筑师共同完成的联合作品，占地面积 2.4 公顷，反映了各方主体的价值观和当时的市场潮流。[6] 其他广场，比如贝尔格雷夫广场和卡多根广场，广场上的建筑物体现了房地产开发商、建筑师和工匠的审美理念，于统一中彰显特色。

伦敦，格罗夫纳广场（2002 年）
（亚历山大·加文　摄）

第 243 页上图：伦敦，贝尔格雷夫广场（2013 年）
（亚历山大·加文　摄）

第 243 页下图：伦敦，卡多根广场（2013 年）
（亚历山大·加文　摄）

建筑特色的统一有助于让广场周边的居民、街道行人以及乘坐汽车路过的人形成强烈的空间归属感和美学观感。此外，广场可以深刻地影响伦敦的城市生活。

日复一日，广场上的情景非常相似。在伦敦，人们来到广场，便进入一个安全可靠、远离噪声和混乱的世界。他们沿小路漫步，坐下来读书，享受树木、灌木丛和水流带来的宁静。

我游览了布莱恩斯顿广场和克利夫兰广场。在那里，人们漫步林间，遛狗，沐浴阳光，在阴凉处乘凉，与家人一起野餐或举办花园聚会。所有活动发生在这个占地面积 0.6 公顷的开放空间里。[7] 多年来，尽管伦敦发生了很多变化，但布莱恩斯顿广场和克利夫兰广场上的情景保持不变。

伦敦，布莱恩斯顿广场(2014 年)
只有周边建筑物的居民有权使用
这个绿色空间
（亚历山大·加文 摄）

18 世纪中期，广场越来越受欢迎，人流密集。有些人无视规则的存在，加上广场疏于管理和维护，不道德的行为破坏了广场的氛围。汉诺威、卡文迪什、布鲁姆斯伯里、格罗夫纳、伯克利等广场的抢劫和暴力犯罪愈发猖獗。于是，广场上安装了栏杆，增加了街道照明设施，安排了警卫巡逻。[8]

19 世纪中叶，莱斯特广场被查尔斯·狄更斯（Charles Dickens）形容为"铁栏杆围拢的沙漠"。[9]状况非常糟糕，1863 年，公共工程委员会经过议会批准，计划将这个广场四周以高 3.7 米的木质栅栏围起来，此后一直筹措资金，一些市民和企业家纷纷捐款；1874 年，莱斯特广场得以重建。[10]

伦敦，布莱恩斯顿广场（2014 年）
茂密的植被消除了城市噪声和混乱
（亚历山大·加文　摄）

伦敦，克利夫兰广场（2013 年）
平时，周边社区的居民来到美丽的广场上消磨时间
（亚历山大·加文　摄）

苏豪广场（2013 年）现在是公园
（亚历山大·加文　摄）

在某些情况下，甚至政府也无法对城市公共空间提供有效的"保护"。比如，第二次世界大战迫使伦敦在很多广场上建造了壕沟庇护所，并且拆除了铁栏杆。战争结束后，很多广场又重新安装栏杆，因为广场周边区域的犯罪率升高了，需要加强日常巡逻。

向公众开放的广场与人们的私人活动空间完全不同。这些广场无时无刻地不为人们提供便利。比如，莱斯特广场等铺设了大量草坪，就像"室外地毯"，人们坐在草坪上，沐浴着阳光或在树荫下乘凉。

莱斯特广场（2014 年）
（亚历山大·加文　摄）

广场上的休闲娱乐活动丰富多元。比如，罗素广场上咖啡馆林立，苏豪广场上设置了乒乓球桌，莱斯特广场每年 12 月举办冬季嘉年华，伦敦各地的人们（特别是年轻人）来到这里，坐摩天轮、购物、玩游戏。

明尼阿波利斯建造了大面积的社区绿色空间，堪称其他城市的典范。巴黎和纽约拥有广阔的区域性公园，伦敦也如此。接近大自然是伦敦社区生活的核心。然而，广场不仅仅用于被动式娱乐，一些对园艺感兴趣的人们负责种植植物，还有热心邻居组织野餐和其他家庭活动，几乎所有进入社区广场的人都能积极利用它们。

明尼阿波利斯公园体系　与伦敦的广场相似，明尼阿波利斯的公园对城市居民的日常生活产生了巨大的影响。公园延伸至城市的每个角落。2015 年，明尼阿波利斯公园休闲委员会指出，197 个公园占地面积 2729 公顷[11]，几乎占全市土地的 19%，总数超过檀香山（33%）、新奥尔良（26%）、华盛顿特区（22%）和纽约（21%）。[12] 这个广阔的开放空间包括：区域公园，17 个湖泊和池塘，长 19 千米的海滩，215 个游乐场，181 个网球场，许多花园、野餐区和自然保护区，49 个社区娱乐中心，长 88.5 千米的大路，长 82 千米的铺路，长 69 千米的步行、自行车骑行和滑冰的路径，7 个高尔夫球场，这些服务于 38.3 万名城市居民。[13] 公园体系非常便利，公共地产基金会在 2014 年对 50 个城市的公园进行评估后认定，在所有美国城市中，明尼阿波利斯拥有最好的公园体系。[14]

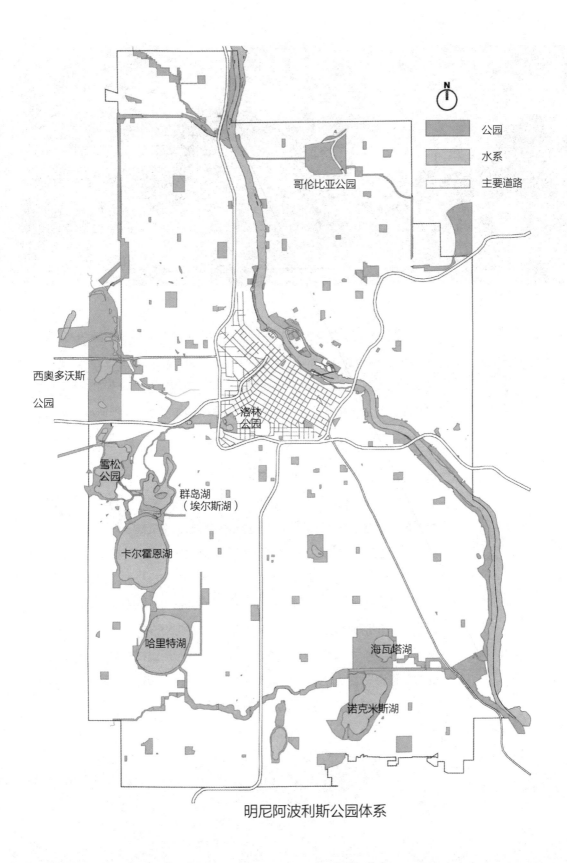

N

▨	公园
▨	水系
▭	主要道路

哥伦比亚公园

西奥多沃斯
公园

洛林
公园

雪松
公园

群岛湖
（埃尔斯湖）

卡尔霍恩湖

哈里特湖

海瓦塔湖

诺克米斯湖

明尼阿波利斯公园体系

明尼阿波利斯，卡尔霍恩湖
（2009年）
夏季，人们在公园里打排球、慢
跑、骑自行车，进行其他活动，
构成了一道道城市风景线
（亚历山大·加文　摄）

明尼阿波利斯的公园得益于极富创意的设计、特殊的地形和市民的支持。
西奥多·沃斯（Theodore Wirth）自1906年担任城市公园总监，长达30年，
在此期间大力支持公园建设。明尼阿波利斯公园体系始建于1883年，城
市交通委员会一致通过了一项决议，要求收购城市土地，打造最美丽的公
园和林荫大道，使土地增值。[15]

值得注意的是，就像纽约中央公园、伦敦摄政公园以及其他几个成功的公
园向公众开放的情况一样，明尼阿波利斯市深深懂得对公园的投资可以使
整个城市受益。这种理念促成明尼苏达州立法机构批准了一项全民公决，
成立了独立的未经纳税人和市议会同意即有权发行债券、征税、处置财产
和开发公园的公园委员会，在美国没有其他的公园机构有如此大的权力，
但是由于该委员会九名成员每四年必须重新竞选，所以委员会仍然代表了
民意。该市将每年地产税的8.5%直接汇入公园娱乐委员会，保证其只服务
于公园，以确保公园委员会的独立性。基于这一历史和委员会现有的充分
的权力和稳妥固定的资金来源，明尼阿波利斯在美国拥有位置最佳的、设
计最佳的、维护最佳的和管理最佳的公园体系。

在建立公园体系的过程中，明尼阿波利斯公园委员会征求了奥姆斯特德的建议，并邀请 H·W·S·克里夫兰（H. W. S. Cleveland）制定公园体系的总体规划，奠定了整体的公园网络和基础设施体系。1883 年，克利夫兰建议在土地增值前囤地用于未来的公园建设，并将"河岸上风景如画的游憩场所与湖泊周围的公园和公园通道连接起来。"[16] 奥姆斯特德在 1886 年写给委员会的信中敦促建设"如果设计得当，很可能成为未来城市永久居住区框架的街道系统的源头……向居民提供自然风光的享受"的公园道路。[17] 这封信肯定了克里夫兰先前关于"林荫大道延伸系统"的建议。[18] 他们一起说服董事会建立一个综合的公园体系，而不仅仅是独立的娱乐设施。

明尼阿波利斯，明尼哈哈公园路
（2009 年）
公园交通便利，步行便可到达重要的城市目的地
（亚历山大·加文　摄）

该公园系统中有几个地方颇具特色，比如密西西比河河谷、明尼哈哈瀑布、迷人的小溪、壮观的湖泊等。西奥多·沃斯对该系统内 606 公顷的水面进行了改进。边界内的水域面积从小潟湖（大约 0.8 公顷）到卡尔霍恩湖（171 公顷）不等。起初，它们经常在暴雨和融雪时被洪水淹没。在沃斯的指导下，湖泊被加深并进行景观整理，其目标不仅仅是防洪，还要最大程度地发挥自然景观的魅力，促进休闲娱乐活动的开展。明尼阿波利斯公园系统为游泳、钓鱼、溜冰、帆船运动、划艇运动、皮划艇运动和赛艇运动提供了最佳的场地。

明尼阿波利斯公园委员会花了将近一个半世纪的时间，创建了公园系统，正如奥姆斯特德所说的"永久居住区框架，让市民感到自豪和快乐"。[19]公园、景观公路和住宅区提供了城市框架，持续愉快地使用了数十年，并且不断增值。

明尼阿波利斯，卡尔霍恩湖（1922 年）
在采取疏浚措施之前，卡尔霍恩湖经常淹没周围的土地
（《明尼阿波利斯公园系统1883—1944》，西奥多·沃斯，明尼阿波利斯公园委员会，2006 年）

明尼阿波利斯的市民步行不超过六个街区，便可到达公园。与伦敦一样，绿色空间是明尼阿波利斯城市生活的组成部分。不同的是，大型湖泊、慢跑和骑行道、高尔夫球场和运动场遍布明尼阿波利斯，人们积极参加夏季和冬季的休闲娱乐活动。另外，这个公园体系服务于 40 万人，不到伦敦的 5%。

明尼阿波利斯，哈里特湖（2013 年）
公园系统中的 17 个湖泊是休闲娱乐的好去处
（亚历山大·加文　摄）

明尼阿波利斯，公园北部（2013 年）
（亚历山大·加文　摄）

得益于丰富的户外活动，2014 年，美国运动医学学会将明尼阿波利斯评为美国第二大健康城市。[20] 此外，如果没有公园系统，明尼阿波利斯的命运可能与匹兹堡、布法罗、辛辛那提和圣保罗等"铁锈城市"没什么区别，这些城市在 1950 年至 2010 年人口分别减少了约 51%、50%、34% 和 39%。而明尼阿波利斯的人口只减少了 26%，虽然很难从明尼阿波利斯对

马德里，阿古莫萨大道（2013年）
得益于交通流量的有效控制，马德里的街头生活更有活力
（亚历山大·加文　摄）

公园系统的投资和人口数量下降速度之间找到实际关联，但的确，城市中丰富、高质量的公共空间改变了明尼阿波利斯市民的日常生活，并留住了那些可能想搬到郊区的人们，因为他们不用搬到郊区同样可以轻松获取绿色空间和娱乐机会。

马德里奇迹　马德里市中心，籍于政府对公共道路加大投资和管理，曾经混乱的街道变得安全且富有吸引力，这是城市自我更新的内因与规划政策推动的外力的共同作用效果。现今，马德里拥有欧洲最安全、最简单的街道网络。

马德里的街道网络自 16 世纪不断发展，在居民的日常生活中发挥重要作用，但是从 15 年前开始，马德里的街道逐渐变得混乱起来。现在，本来为马车而建的狭窄街道充斥着私家车和公共汽车，交通堵塞非常严重。司机和行人经常在单行道上逆行，无视路灯和交通信号灯，狂摁喇叭，随意停车，甚至在人行道上行驶，危及行人的人身安全。城市公共空间非常混乱，对个人、环境和城市生活产生了不利影响。

今天，马德里的街道网络已完全改变。比如，1985 年在那里的访客在 2015 年重返时可能会说"马德里完全变了样——变得更好了"。

20 世纪末，市中心古老的大街非常混乱，蜿蜒的街道和小巷中，卡车、公交车、出租车、私家车、摩托车、自行车和行人车流混杂，接踵摩肩。由于随意停车，整条街堵得水泄不通，箱式送货车停靠在人行道上，行人乱穿马路。路网的承载力完全不足以应对拥挤的人流和车流。

①马德里河公园
②皇家城堡宫殿
③马约尔广场
④拉斯列特拉斯区
⑤普拉多大道
⑥卡斯蒂利亚人行道
⑦塞拉诺大街
⑧丽池公园
⑨萨拉曼卡区
（科尔特斯·克洛斯比、欧文·豪
利特、亚历山大·加文　绘）

虽然马德里地铁系统不断扩大，但交通流量仍无法完全控制，这让居民难
以忍受，采取措施势在必行。2010 年，马德里人口将近 650 万人，其中
一半居住在城市里。[21]

马德里的街道开始改变，而且奇迹般地有了好转。转变最先开始于大道和
广场，划定了人流、车流和商业设施的分区。此外，建造了大量的地下停
车场，并且规定了所有主干道上允许停靠的车辆种类及停车位置。马德里
的公共空间中，行人、车辆、游乐场、长椅、树木、报刊亭、商店、咖啡馆、
餐厅等都有了自己应有的位置。所有这些都开始整合，共同改善街道环境。

马德里，拉斯列特拉斯区，克鲁兹街（2011 年）
人行道用护柱保护行人；某些位置不设护柱，便于车辆装卸货物
（亚历山大·加文　摄）

马德里，马约尔大街（2013 年）
为行人（包括盲人）、自行车骑行者、停靠的汽车和摩托车设置了专用区
（亚历山大·加文　摄）

得益于公共场所的空间变化和交通流量的改善，走在马德里街头的人们觉得情况大为好转。比如，在拉斯列特拉斯区（又称"文人区"）的一些街道，拆除了将街道与人行道分隔开来的路障，用花岗岩重新铺设人行道。更重要的是，某些街道上设置了护柱，防止车辆停靠在人行道上，并且隔离了机动车流。街道上的某些位置不设护柱，便于临时停靠、车辆装卸货物以及乘客上下车。此外，重新布置主干道，比如马约尔大街新建了"机动车减速慢行"的标识牌，设置盲道以帮助盲人更好地辨别方向，扩宽人行道，种植树木，将自行车道着色以表示其专属性，并且在街道旁留出暂时停车的空间。

马德里，萨拉曼卡区，塞拉诺大街（2013 年）
（亚历山大·加文　摄）

高收入水平的萨拉曼卡区是马德里街道文明的最好例子。这得益于卡洛斯·玛丽亚·德·卡斯特罗（Carlos Maria de Castro）于 1860 年提出的扩建计划，当时萨拉曼卡区的街道已足够宽阔，通过对交通采取干预措施，为私家车、货车、出租车和摩托车预留了特定停车场。附近的路边停车位仅限于有许可证的居民使用。南北向和东西向的街道非常宽敞，各个方向都设置了多条车道。最令人印象深刻的是塞拉诺大街，这条豪华的购物街为购物者提供了贯穿多个街区的地下停车库。驾驶者可通过汽车专用的坡道入口轻松地进入地下室并停放汽车，通过出口、楼梯和行人通道的电梯离开，非常方便。来到街道上，停放着的汽车隔出一条受保护的自行车道，街边还有供人们坐下来休息放松的长椅。基于此，街道的交通流量减少了，社区空间更多了，休闲娱乐空间也多了。

马德里，萨拉曼卡区，克劳迪奥·科埃略大道（2013 年）交叉口为过路行人提供便利，并且提供休息空间、绿植、照明和标志
（亚历山大·加文　摄）

马德里，萨拉曼卡区，克劳迪
奥·科埃略大道（2013 年）
广告牌以法文自豪地写着：邻里
同欢好
（亚历山大·加文　摄）

马德里当地有很多狭窄的单行道，包含一条车道和有充足车位的专用车辆
停车场，每个道路交叉口都有设长凳和植被的面积足够大的步行区。社区中，
土地用途多元化，大多数建筑物是 6 ~ 8 层，地下停车场非常普遍。

马德里复兴的城市公共空间大大改善了当地人的生活和游客的体验。比如在拉瓦皮耶斯社区，居住着土耳其人、阿拉伯人、非洲人和其他地区的移民，人们有足够的空间会面、购物、吃饭、停靠自行车、坐在长凳上，总之，做自己想做的事，而不打扰别人。街道上的广告牌以法文自豪地写着：邻里同欢好。

马德里河公园，既是公园又是街道，创建于 2006 年至 2010 年，长 10 千米，改变了马德里数百万居民的生活。西班牙的布尔戈斯与加里多建筑事务所、波拉斯·拉·科斯塔建筑事务所和鲁比奥·阿尔瓦雷斯 – 萨拉建筑师事务所及荷兰 West 8 景观设计与城市规划事务所（参见第 10 章）负责马德里河公园的设计。该公园位于 1970 年至 1979 年建成的城市内环高速公路 M30 的西侧。当时，马德里正致力于对曼萨莱斯河进行渠化改造，以便控制暴雨径流。

马德里河公园坐落在覆盖两条高速公路的混凝土月台顶部及蜿蜒河道的侧翼，空间很小。关于园艺解决方案是建造一条连续的廊道，栽种 8000 棵耐寒的西班牙松树，这些松树极易成活，无需太多土壤和水分。此外，架设多座桥梁，将 30 年前被高速公路分隔开来的城市两侧重新连在一起。公园的带状区被扩建或纳入相邻的公园。今天，街上有儿童游乐场、迷人的喷泉和花坛。附近的旧屠宰场被重新设计成创意艺术中心。

2013 年 7 月的一个星期六，在一些设计师的引导下，我花了一早上的时间在马德里河公园里骑自行车。人们骑马、慢跑、散步、晒太阳、进行休闲娱乐活动，每个人心情愉悦，给我留下了深刻的印象。我上午 9 点开始行程时，小路上几乎没有什么行人，但到了中午，有很多骑自行车的人。曾经马德里河公园两侧的社区居民要忍受运货汽车产生的噪声，夜晚难以入睡。现在这条街非常安静，栽种了大量的树木和花卉，带给人们愉快的心情。

除了公园、桥梁和隧道，马德里花费 37 亿欧元（约合 40 亿美元），迁移了 M30 高速公路地下 10 千米长的地铁线路。[22] 当时，西班牙处于经济繁荣期，国家预算充足。虽然 2008 年西班牙面临着经济危机，但马德里河公园对城市的积极影响充分证明，之前的投资是正确的。

当地人喜欢在马德里河公园里消磨时间，坐在长椅上看报纸或发信息，做运动或浏览橱窗。酒吧、餐馆和咖啡馆旁边的人行道上放置了桌椅，人们在这里进行非正式的商务谈判和辩论。这一点与巴黎的街道很相似。1941年奥斯卡·汉默斯坦（Oscar Hammerstein）写道："巴黎带给人温暖和快乐。我在街道咖啡厅里看着享受快乐、分享快乐的人们。"[23]

当然，并不是说马德里的公共空间修整可以解决一切社会矛盾，也不是每一个生活在这里的人都过的很舒坦。然而，每天成千上万的人在马德里河公园散步、骑马、购物、晒太阳，就像他们在伦敦、罗马、维也纳和纽约的林荫大道上一样。马德里，这个曾经拥挤的大都市已成为一个重新焕发活力的现代城市。

成功的关键

伦敦和明尼阿波利斯的市政府对城市公共空间加大投资力度，成立专门的管理公司，联合房地产开发商（城市公共空间的利益相关方）一同对城市公共空间进行管理和维护; 马德里积极地对城市公共空间进行改进和管理，使其丰富市民的日常生活，吸引越来越多的人（当地人和游客）。这些城市的做法充分说明，伟大的城市和伟大的城市公共空间有助于吸引并留住那些让城市更加伟大的人。

在未来，采用哪种新方法最有效、前景最好？城市如何变得更加适合居住、开放包容、可达性更强？城市公共空间如何提供成功的城市框架并形成市民社会？本书的下一章详细介绍了改进和维护城市公共空间的新方法，并且针对伟大的城市如何"更上一层楼"和普通城市如何"华丽变身"提供了示例。

马德里，马德里河公园（2013 年）
该公园位于城市内环高速公路 M30
西侧的顶端
（亚历山大·加文　摄）

曼哈顿下城区城市天际线（2013 年）
（亚历山大·加文　摄）

打造 21 世纪的城市公共空间

20 世纪伟大的建筑师勒·柯布西耶(Le Corbusier)说:"纽约并非完善、成熟的城市。它一直在发展。我的下一次纽约之行将见证一个新的纽约。"[1]纽约如此,其他城市也如此。当你再次游览一个城市时,总会发现它的变化,因为人们在不断地调整城市,以便适应不断变化的社会、经济、文化情况和市场需求。而那些僵化不变,无法顺应市场变化的城市往往遭到遗弃。

在柯布西耶的眼中,纽约的蓬勃发展离不开城市公共空间。的确,曼哈顿天际线是纽约的一个象征,而它的形成恰恰基于城市公共空间,即街道、广场和公园等共同造就了这个伟大的城市。

每个城市都会面临的一个问题是,多大规模和什么形式的城市公共空间可满足当前和未来的需求? 柯布西耶于 1922 年给出了答案: 《明日之城》中指出,将城市切割成多个区域的高架公路把平坦的绿色平原以"十"字形划分,包含必要的住宅、办公楼、公共建筑和政府机构。这些建筑物采用最先进的设计,并且为人们提供舒适的吃饭、睡觉、玩耍和谈生意的空间——精心设计的建筑物、高速公路以及保证每个公民获得阳光和空气的建筑物之间的开阔空间,但他描绘的城市公共空间,其中的设施仅包括绿地、树木和高架公路。

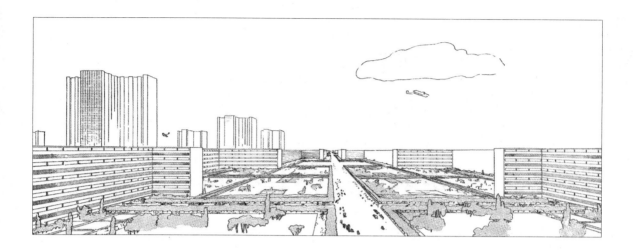

明日之城（1922 年）
柯布西耶的明日之城是一个成熟的城市，居民不必为了满足自己或子孙后代的需求而调整、改善空间
［摘录自《勒·柯布西耶全集》，卷一，1910—1929，博客豪斯（Birkhauser）出版社，波士顿，1999 年］

柯布西耶明日之城的抽象绿色空间几乎不具吸引力。柯布西耶曾经阐述他提出的理论，大多数没有"人"的存在。人们如果来到城市公共空间，但没什么可做的，那么便会掉头回去，留在公寓里。明日之城不仅缺少"人"，还是一个未规划未来发展蓝图的成熟城市。因此，柯布西耶的观点被很多人抛弃了，取而代之的是更加人性化的未来规划，这并不奇怪。21 世纪，很多城市致力于改善城市公共空间。下面介绍其中的五个，这些伟大的城市采用有效的措施，改善城市公共空间。

探索更加美好的未来

伟大的城市必须具有吸引力，人们才会前来。人们通过各种路径到达目的地，聚集在一起交流，进行休闲娱乐活动等。这些"接待"人们的场所就是城市公共空间。此外，伟大的城市公共空间为城市的未来发展提供框架，并使城市在发展的同时保留特色。城市公共空间是前人花费大量时间、精力和金钱打造而成的，人们为了满足当代需求而不断调整。但是，管理和维护城市公共空间时，生活在 21 世纪的人无法完全依赖过去的解决办法，而应当采用具有前瞻性的方法。

成熟的城市，街道、广场和公园等比较完善，增加和改变城市公共空间并不容易，通常涉及重大的经费支出、政治争议、法律纠纷等。然而，这些问题可通过以下方法缓解或解决：

1 重构已存在的城市公共空间。

2 在城市公共空间里新建设施时尽量减小对私有财产（土地和建筑物）的影响。

3 将废弃的土地和建筑物转变为可用的城市公共空间。

4 改造城市公共空间，实现可持续发展。

5 必要时，重构整座城市，就像毕尔巴鄂在 20 世纪末做的那样。

本章的几个例子阐明了城市如何在对城市生活破坏最小并产生最大利益的情况下改变公共区域。首先，特别是在 21 世纪初，巴黎共和国广场的改变，生动说明了城市如何以相对较低的成本及最少的混乱重新配置公共区域。其次，得克萨斯州休斯敦上城区橡树大道正在进行的工作说明了城市如何通过嵌入新的过境服务和已改善的行人环境，以降低地区的拥挤程度，并适应大量额外的私人开发。第三，布鲁克林大桥公园的形成论证了如何将过时和遗弃的物业转化为积极使用的娱乐设施。第四，佐治亚州亚特兰大将遗弃的铁路通行权转换为由游径和公园组成的"翡翠项链"，这为改造过时和衰退的基础设施提供了模型，人们在仔细思索后将不利因素转变为融合社区的资产，减少拥挤的高速公路上的私人汽车数量，并创造数十亿美元的新的私人投资。最后，如果小规模的城市公共空间整治措施不足以扭转城市衰退，那么像加拿大多伦多在沿海地区大规模的城市公共领域的投资，将会重构整个城市。

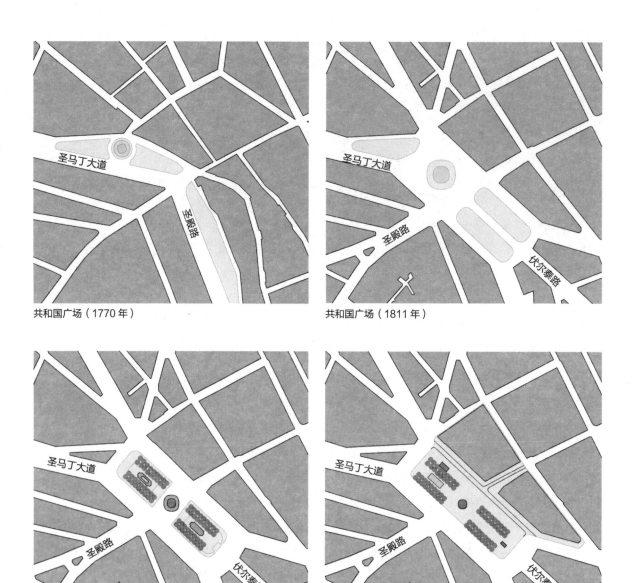

共和国广场（1770 年）

共和国广场（1811 年）

共和国广场（1867 年）

共和国广场（2014 年）

巴黎，共和国广场（1770 年，1811 年，
1867 年，2014 年）
（欧文·豪利特、亚历山大·加文　绘）

巴黎，共和国广场　起初这里没有广场，只是圣马丁大道的延伸部分。圣马丁大道是巴黎拆除查理五世城墙（参见第6章）时建造的林荫大道。1809年，政府扩宽街道，街道用户多了起来。

第二帝国期间，该地区发生了重要变化。在奥斯曼的推动下，将贯穿城市四条新的林荫大道连接在一起，建造了巨大的道路交叉口，将巴黎的各个区域连为一体，由此产生了一个占地面积 3.4 公顷的广场。[2] 广场于 1867 年对外开放，12 年后更名为共和国广场，以纪念新成立的法兰西第三共和国。交通流量增加带来了更多的消费者。广场周边的建筑物里开设了新的商铺。1883 年，"共和国女神"的巨大雕塑（有时称为"玛丽安"）取代了广场中心的喷泉。

最初，共和国女神雕塑是马车通过路口的环岛，20 世纪初，大量的私家车、卡车和公交车以及搭乘在那里相交的五条地铁线的通勤者取代了马车。广场变得可怕：空间拥挤且混乱，行人和自行车骑行者的可用空间很少，交通不便，从这里很难前往巴黎的其他目的地。每个人都期待着城市的改变。因此，在 21 世纪初，市政府开始筹备城市更新措施，以纠正这种情况。整个工作以 2008 年的会议为开始，与会者包括该地区的居民、企业、消费者、政府机构、民选官员以及数量繁多的都市利益集团。[3]

大量车辆绕着广场和雕塑环行，使行人无法轻易达到目的地

城市邀请了五个由景观设计师、建筑师和规划师组成的团队来提出解决上述问题的重建方案。2009 年，经过 9 个月与技术人员和公众的互动，利益相关者、设计师和政府官员组成的委员会选择了由特雷韦洛 & 维格·科勒（Trévelo & Viger-Kohler）建筑师事务所和玛莎·施瓦茨景观设计师事务所合作的规划方案。最终的设计，在 2011 年获得批准，这是经过两年的努力和不断与公众协商的结果。该计划旨在将共和国广场打造成巴黎最大的步行空间。[4]

两年后，广场在重新设计之后重新开放，它被平整为一个平缓倾斜的坡顶，有 12 条道路在这里交叉（有一些在到达广场前便汇聚在一起了）。行人和车辆之间的空间分配完全改变了。广场上 60% 的空间服务于行人。共和国女神雕像和广场北侧的街道都禁止机动车驶入，成为步行专用区。整个步行专用区介于两侧矩形绿化带之间，铺以大型混凝土预制板。雕像仍然是广场的重要部分，但不再是主要景点。除了已存在的地铁入口，游客可使用四个绿树成荫的休息区、一个咖啡厅、一个公开演讲台、一个小型玩具租借馆，这里栽种了 150 多棵树，夏季还有孩子们喜欢的水景。

巴黎，共和国广场（2013 年）
广场上的咖啡馆和水景颇受欢迎
（亚历山大·加文　摄）

第 271 页上图：巴黎，共和国广场（2014 年）
小型玩具租借馆将人们吸引到广场
（亚历山大·加文　摄）

巴黎，共和国广场（2014 年）
滑板运动备受欢迎
（亚历山大·加文　摄）

我最后一次参观共和国广场是 2015 年 3 月底的一个阳光明媚的日子。从圣马丁大道出发，我看到非常繁忙的街道。我过马路进入广场时，情况大变：摆脱了拥挤的交通，进入一个全新的地带。老年人坐在树荫下时尚的长椅上。我走过咖啡馆和雕像时，有几位自行车骑行者与我擦肩而过。广场东端有一个小型玩具租借馆，孩子们从那借来玩具玩耍。

共和国广场上全新的城市公共空间具有以下特征：人们容易进入和漫步；具有吸引力，人们在那里做自己想做的事，不干涉他人；人人均可使用，如行人、自行车骑行者、成年人、孩子们、老年人等。

巴黎，共和国广场（2014 年）
示威游行
（亚历山大·加文　摄）

共和国广场的更新使环境更安全、更健康。每个人享受广场带来的福利，而不侵犯他人的利益。共和国广场就是市民社会的一隅。

巴黎已完成旧城改造，没有大规模的搬迁、拆迁和重建——也就是柯布西耶推荐并在美国很多城市实施的城市更新项目中必不可少的一部分。巴黎通过小规模措施成功地调整了城市公共空间，使其充满活力。

由于共和国广场令人愉快并被广泛使用，因此，各种小型市场活动的开展也渐渐多了起来，这些活动占用了一部分广场周围的底商和一部分街道。公职人员对此的解释是，由于修正过程中只关注广场上的人和车辆的活动，而忽视了周边商业环境，所以两者脱节了。

共和国广场的整修（巧妙设计，未出现混乱）论证了城市如何从繁杂的交通路径中重新获得大量空间并加以改造，重组步行区，并且增加吸引当地人和游客的设施。共和国广场的案例展示了在 21 世纪是如何改善人口密集且频繁使用的城市空间的。每个城市都可采取相同的技术来改变自己的公共空间，并继续迈向伟大之路。

休斯敦上城区，橡树大道 21 世纪，巴黎的人口和经济并没有明显的改变，所以共和国广场的改造是为了较好地满足该地区现有人口的需求。而得克萨斯州休斯敦的规划旨在刺激市场需求，促进城市的发展。休斯敦市中心经历了爆炸式的人口和产业增长，亟需美国式的城市再开发。

休斯敦上城区（1961年）
凯丹广场开放前，州际高速公路
正在施工，穿过休斯敦的一条乡
村小径被称为橡树南路
（休斯敦上城区）

休斯敦上城区（1978年）
1978年，上城区涵盖了凯丹广
场购物中心、玻璃塔和高档零售
店，所有店铺位于橡树大道的临
街面
（休斯敦上城区）

与共和国广场一样，休斯敦上城区对城市公共空间进行了大量投资，但时间更短、更具美学价值。相比 21 世纪初期的巴黎，休斯敦上城区的做法与奥斯曼时代更类似，强调房地产开发。休斯敦上城区采取了多项措施，促进了城区的发展：建造州际高速公路，重建主干道——橡树大道，配备高端的街道家具，鼓励房地产开发，包括大型商场、办公大厦和多层住宅公寓。此外，扩宽橡树大道的土地，增建人行道，栽种树木，规划景观巴士廊道。

休斯敦，橡树大道（2015 年）
2015 年之前，休斯敦上城区是美国第十七大办公区（亚历山大·加文）

第二次世界大战结束时，休斯敦上城区还没有住宅，直到 1955 年，仅有橡树大道以东的几条街道。[5] 今天，上城区拥有超过 250 公顷的办公空间、65 公顷的零售店铺，以及 7800 多间酒店客房和 2 万套公寓。[6] 这里是美国第十七大商业区，18 万人生活在 4.8 千米半径范围内。[7]

上城区的出现是休斯敦快速发展的结果，1950 年至 2010 年，休斯敦由拥有 59.6 万人口的美国第十四大城市发展成 210 万人口的第四大城市。这是由于，城市对 957 千米长的高速公路网络进行了投资，该网络由 3 个高速公路环和 12 条连接这些环路与休斯敦市中心的放射形道路组成。[8]

第二条高速环路（68 千米长的州际高速公路 I-610）的建设在 20 世纪 50 年代至 1973 年间分阶段进行。[9] 环路为其与通向市中心商业区的主干道吸引了房地产投资，大大促进了城市的发展。

休斯敦，橡树大道，凯丹购物中心（1974 年）
商业设施、酒店、办公楼和溜冰场等的开发推动了休斯敦上城区的快速发展
（亚历山大·加文　摄）

得益于休斯敦西侧的橡树大道、艾伦公园路和州际公路 I-69，人们前往市中心更加便利。房地产开发商杰拉尔德·海因斯（Gerald Hines）是休斯敦房地产开发领域的领军人物，他的开发项目很好地促进了上城区的发展。同时，成立于 1999 年的休斯敦上城区开发局，也投资了很多城市公共空间。现今，休斯敦与丹佛、匹兹堡、巴尔的摩（美国第十三、十四、十五大商业区）平分秋色。

在成立自己的房地产公司之前的十年里，海因斯由工程承包商起家，渐渐转型开发一些小型写字楼和仓库。1962 年，I-610 环路在上城区对外开放时，海因斯与很多房地产开发商一样，认为这是一个值得投资的区域。第二年，乔斯克（现在的迪拉德）百货公司位于 I-610 和橡树南路大道之间的街区，面向维特美路开放，而萨科维茨—— 一家更高级的百货公司在街对面开放。海因斯认为，该交叉口（现在是橡树大道和维特美路）极具吸引力，于是购买了大量土地，开设了配有空调的大型商场，后来成为凯丹购物中心。

休斯敦，橡树大道（2007 年）
30 多年后，橡树大道成为一个
多功能的区域
（亚历山大·加文　摄）

海因斯花了五年时间，用了比计划多出 6 倍的土地，最终建成了这个占地面积 13 公顷的项目。[10] 他想找一个租户（非零售商），于是找到得克萨斯州最好的高端百货公司内曼·马库斯（Neiman Marcus）。当时内曼·马库斯在 I-610 环形高速公路的另一侧维特美路上购买了 10 公顷的场地。海因斯为内曼·马库斯免费提供场地，并且建造停车设施，说服马库斯家族放弃原有场地，入驻凯丹购物中心。[11]

休斯敦，橡树大道，凯丹购物中心（2007 年）
（亚历山大·加文　摄）

休斯敦，橡树大道（1995 年）
20 世纪末，高层住宅公寓和办公楼因凯丹购物中心和各种低层零售街带而得以提升
（亚历山大・加文　摄）

海因斯成功地吸引了关键承租人，但为凯丹购物中心组建的房地产项目非常复杂、耗时久且昂贵，单靠零售店远远不够。因此，凯丹购物中心成为一个高密度、多功能的综合体，包括酒店、两栋办公楼、底层配备溜冰场的商场，以及可停放 7000 辆汽车的停车场。[12]

此后，该项目大规模扩建。凯丹购物中心一期于 1970 年对外开放，推动了凯丹购物中心二期对外开放（1976 年）、马歇尔百货公司入驻（1979 年）、凯丹购物中心三期对外开放（1986 年）和凯丹购物中心四期（2003 年）对外开放。2014 年，凯丹购物中心占地面积 222 967 平方米，包括：400 间商店和餐馆，内曼・马库斯第五大道精品百货店，诺德斯特姆百货公司和两家梅西百货公司，两家酒店，三座 102 193 平方米的办公大厦，近 14 000 个停车位，三家银行，以及溜冰、游泳等运动休闲场所。[13] 现今由西蒙地产集团所拥有的凯丹购物中心总共花费了 14 亿美元，比 2014 年的明尼阿波利斯年度预算还多。无疑，该项目还将继续演变，以应对所有权和市场需求的变化。

海因斯沿橡树大道增加了两个标志性项目：1973 年至 1982 年建成的橡树大厦和 1983 年完工的威廉斯大厦（以前的国家输电中心），由约翰逊－伯奇建筑师事务所设计，之前与海因斯合作设计了休斯敦和纽约市中心的建筑，形成了著名的办公空间，吸引了大量企业。橡树中心是占地面积 6.9 公顷的三座 24 层玻璃建筑，有 120 774 平方米的办公空间、8300 平方米的零售区和可容纳 4200 辆汽车的停车场。[14]64 层的威廉斯大厦是休斯敦市中心最高的建筑物，成为城市天际线上的一个重要地标。

凯丹购物中心不断发展，房地产开发商在附近建造了塔楼，比如有 400 个公寓的四叶塔住宅综合楼和有着 167 225 平方米办公空间的四橡树广场商业综合体，由西萨·佩里建筑师事务所（Cesar Pelli & Associates）设计。[15] 房地产开发商的贡献是将橡树大道与停车场连在一起，在停车场后方建造了低层零售店或酒店。

这些高强度的地产开发导致了交通流量的增加造成了街道拥堵。业主和企业担心来自偏远地区、客流量较少的开发项目会把客户分流。为了解决这些问题，在 1975 年，他们成立了一个志愿组织——橡树大道协会，采取有利于他们共同利益的行动。[16]20 世纪 80 年代中期，该协会作为一个公私合营的代理机构，负责交通运营、公共维护、美化、基础设施改善、经济发展、营销和通信。[17] 该协会对城市公共空间进行投资和维护。

该协会与新奥尔良、丹佛和纽约的商业改善机构合作。1987 年，他们说服得克萨斯立法机构创建了休斯敦上城区。与大多数商业改善机构合作不同，休斯敦上城区商业改善机构是得克萨斯州商业改善机构的分支，由土地所有者、长期租户或土地所有者代理人组成，资金来自对该区域内店铺征收的广告税。

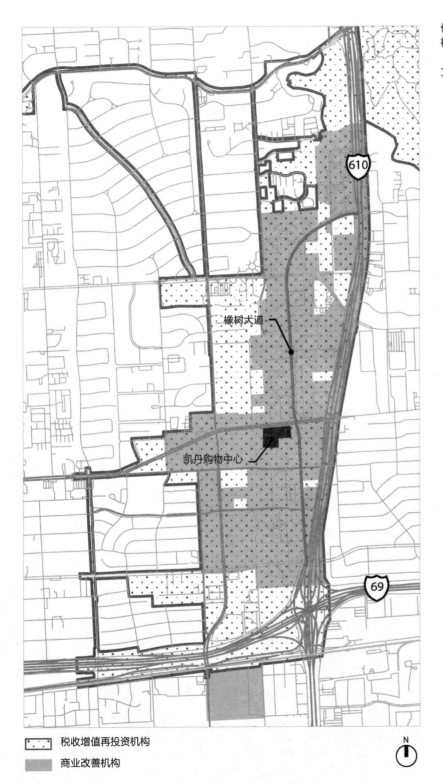

休斯敦上城区税收增值再投资机
构和休斯敦上城区商业改善机构
（欧文·豪利特、亚历山大·加
文 绘）

橡树犬道

凯丹购物中心

N

该协会为了刺激市场需求，鼓励投资，于 1993 年拨款 1100 万美元，用于重新布局公用设施、营造引人注目的街道景观（尤其是不锈钢拱门）。该协会邀请工业设计师亨利·贝尔（Henry Beer）——通信艺术股份有限公司（Communication Arts. Inc.）的合伙人构思设计，沿林荫大道栽种了橡树，建造了花卉展览区，在临界交叉点架设了独特的不锈钢拱门以及带有街道交叉口标识的大型不锈钢吊环，并且完善了街道家具（公交车候车亭、路灯、交通信号灯和垃圾桶）。由此，橡树大道变得外观美丽，并且易于识别。

12 年后，休斯敦上城区开发局和税收增值再投资机构分别对开发项目进行基建和融资。1999 年至 2014 年建成后，税收增值再投资机构已筹集 1.27 亿美元的税金，开发局在橡树大道、圣菲利普街和其他交通干道改善区域行车路线、交通信号灯、公交站亭、路权重建及其他设施等方面花费了 1.3 亿美元。[18] 上城区的年度经营预算约为 500 万美元，主要用于交通运营、公共维护、街道美化、基础设施改进、通信和营销。[19]

2015 年，休斯敦上城区开发局和得克萨斯交通运输部门对该区主轴进行改造。重新设计的橡树大道从北端的公交枢纽向南延伸至另一端的公共枢纽。该项目还包括：① 沿 I-610 高速公路建造高架双车道巴士线，始于北部转运站，终于北端林荫大道起始处；② 重建橡树大道。来自休斯敦其他地区的巴士搭载前往上城区的乘客。橡树大道的乘客沿专用高架公交路线前往目的地。

上城区（出资 7650 万美元）和联邦政府（出资 4500 万美元）共同负责重建橡树大道并建造多个交通枢纽。上城区（出资 2000 万美元）和得克萨斯州交通部门（出资 2500 万美元）共同负责建造西环、西北交通枢纽。上城区（出资 910 万美元）和联邦政府（出资 1690 万美元）共同负责建造百利大道、上城区交通枢纽。

一旦橡树大道被重建，业主们纷纷面向停车场改造沿街的低层建筑，使之充分的商业化，为城市生活带来更多的可能性。

休斯敦（2007 年）
橡树快速成长，为橡树大道提供阴凉区
（亚历山大・加文　摄）

休斯敦，橡树大道（2014 年）
街道交叉口的不锈钢拱门非常引
人注目
（亚历山大·加文　摄）

巴黎共和国广场和橡树大道作为城市公共空间，不断完善。在巴黎，这些
措施是为了留住现有的企业和居民。在休斯敦，城市公共空间的调整致力
于满足商铺、办公空间和住宅区不断变化的需求。但是，这种方法并不适
用于那些经济不太发达的城市。这些城市应当对城市公共空间进行重大的
调整，比如布鲁克林、亚特兰大和多伦多。

布鲁克林，大桥公园　布鲁克林大桥公园是既像巴黎共和国广场那样的广
场，又像橡树大道可吸引和保持市场需求的街道。大量车辆在此通行。20
世纪 80 年代，政府决定将废弃的东河码头改造成布鲁克林大桥公园；20
世纪 90 年代纽约和新泽西港务局宣布关闭码头，当地成立了布鲁克林下城

区滨海开发公司。公园规划于 2002 年初具雏形，布鲁克林大桥公园开发公司在东江下游——曼哈顿下城区金融区对面建造了长 2.1 千米的公共设施。布鲁克林大桥以北的地区包括一系列较小的景观空间，在这里可欣赏到布鲁克林和曼哈顿大桥的美丽景色。这些景观空间包括游乐场、旋转木马和其他娱乐场所，它们通往曼哈顿桥立交桥下的街道，附近社区的小型公寓及旧仓库已被改造成住宅和小型企业。布鲁克林大桥公园开发公司经过港口管理局的认可，将六座废弃的大型码头改造成为休闲娱乐空间。

对橡树大道进行重组和扩建，以便更好地容纳人行道、专运通道、车辆和树木
（休斯敦上城区）

曼哈顿桥

旋转木马

布鲁克林大桥

码头 1

码头 2

码头 3

沙滩

码头 4　小艇船坞

码头 5

码头 6

1000 ft　500 ft

N

布鲁克林，大桥公园（2015 年）
（布鲁克林大桥公园保护协会，
欧文·豪利特　绘）

建造布鲁克林大桥公园需要充分平衡各方权责：

1　满足布鲁克林居民休闲娱乐的需求。

2　政府出资 3.9 亿美元，并且确保合理利用。

3　建筑师修复支撑码头的防洪堤，加强海岸线，使其适合于野外运动，为正常的公共活动提供设施。

4　公园管理人员将目前的所有地块整合为一个新的公园，并与布鲁克林的自行车、慢跑和步行网络相连。

迈克尔 · 范 · 瓦尔肯堡景观建筑有限公司负责景观设计，布鲁克林大桥公园开发公司总裁里贾纳 · 迈尔（Regina Myer）以及社会团体和政府机构给予了大力支持。

布鲁克林，大桥公园（2014 年）
沿公园东边的护堤过滤了来自弗曼街和悬挑公路的噪声和废气
（亚历山大 · 加文　摄）

布鲁克林大桥公园的设计方案必须解决很多问题，其中包括其相邻道路的交通流量的问题，以及布鲁克林皇后区高速公路悬臂式高架路上六条车道产生的噪声。布鲁克林大桥公园开发公司建造了草坪护堤，栽种了树木和灌木丛，以便吸收来自高速公路的噪声和污染，并且沿景观缓冲区的公园一侧建造了保护通道。

此外，废弃码头也是一个难题。码头改造之后，游客可享受码头吹来的微风，欣赏曼哈顿下城区的城市天际线，但改造过程中涉及的土壤、树木和灌木丛等工程耗资巨大。认识到这一点，布鲁克林大桥公园硬化了四个码头作为娱乐活动空间，人们在这里可以打排球、踢足球，进行休闲娱乐活动。改造后的码头于 2014 年开放，作为城市公共空间的一部分，尽管缺少典型公园的绿色空间但一直备受欢迎。

布鲁克林大桥公园取得成功的一个重要原因是不断增加设施，吸引更多的人，这些设施包括旋转木马、演出草坪、配有自动起跳装置的游泳池，以及供人们休息、消遣的餐饮空间。六个码头中的三个可以同时举办不同的活动。

布鲁克林，大桥公园（2014 年）
不同年龄段的人在这里享受公园
带来的福利（亚历山大·加文）

第六码头包括秋千、滑草、沙滩排球的专用空间，以及一系列野生花卉环绕其间的草坪，野生花卉在一年中的不同时间绽放，与曼哈顿下城区的壮丽景色形成鲜明的对比。第五码头可容纳三个露天运动场、两个游乐场、一个钓鱼站和一个野餐区。三个覆盖草坪的综合体育场用于足球、长曲棍球、板球、橄榄球和足球运动。第二码头的张拉膜设施提供了阴凉区，可进行篮球、手球、推圆盘游戏、轮滑和室外地滚球游戏，人们也可以使用野餐桌或健身、游乐设施。第四码头将海滩与私人船只码头相结合，每年都举办很多活动，比如吉普赛朋克、舞会、音乐会、户外电影、歌剧、戏剧、皮划艇训练、嘻哈健美操等。

布鲁克林大桥公园开发公司的一大创新是利用房地产交易的收入资助公园运营。将沿项目区域内侧边缘五个公园拥有的房产租赁给私人业主，时长99 年。承租人在租赁签署时支付相当数额的款项，并且向布鲁克林大桥公园开发公司支付年度租金。年度租金和代征的房地产税用于公园的维护和运营。2017 年公园完工时，年度租金约 1600 万美元。城市和州政府负担其余 3.9 亿美元的开发费用，由港口管理局承担另外 8500 万美元的费用。

布鲁克林，大桥公园（2014 年）
第二码头和第五码头为人们提供
休闲娱乐空间
（亚历山大·加文 摄）

十年前，布鲁克林大桥公园尚未建造时，这六个码头就像被遗忘的角落，分散在城市边缘，这在世界各地的滨水城市都不鲜见。布鲁克林大桥公园的建造展示了如何将废弃的码头变成有价值的城市公共空间：

1　尊重码头的自然条件，设定特殊的用途（比如在开放的海滨防洪堤上开展游船活动）。

2　组织各种各样的活动，吸引更多的人。

3　用一系列小路将不同的空间连在一起，让人们充分享受公园带来的福利。

4　与社区组织合作，让各种设施物尽其用。

5　确保公园周边交通便利，具有很强的可达性。

亚特兰大，环线翡翠项链　亚特兰大环线的开发，如同布鲁克林大桥公园，将之前用于运输货物的土地变成有价值的城市公共空间，以吸引当地人和游客。亚特兰大环线成功地提供了城市框架，刺激了市场需求，改变了亚特兰大的城市生活。

亚特兰大市议会于 2005 年批准环线计划。这条"翡翠项链"沿三条衰落的货运铁路线建造了长 37 千米的休闲娱乐设施，连接着亚特兰大的 46 个街区、20 个新建或扩建公园（占地面积 526 公顷）、32 个运动场、6 个游乐场、3 个游泳池和亚特兰大公交地铁系统三条支线。[20] 事实上，人们把已经完工的部分看作全年开放的"起居室"。[21]

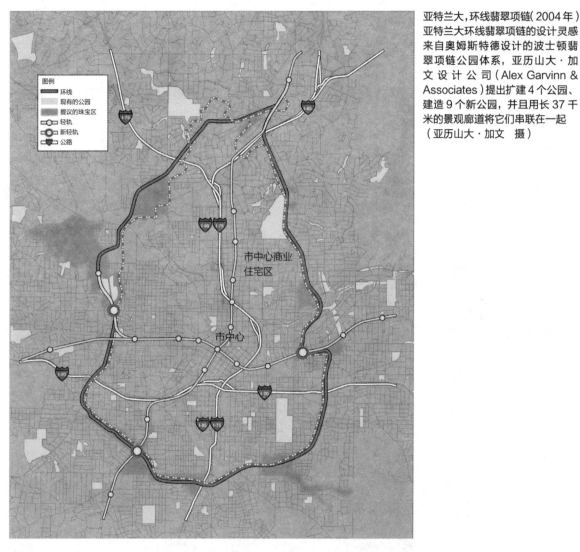

图例
环线
现有的公园
提议的珠宝区
轻轨
新轻轨
公路

市中心商业
住宅区

市中心

亚特兰大,环线翡翠项链(2004 年)
亚特兰大环线翡翠项链的设计灵感来自奥姆斯特德设计的波士顿翡翠项链公园体系,亚历山大·加文 设 计 公 司(Alex Garvinn & Associates)提出扩建 4 个公园、建造 9 个新公园,并且用长 37 千米的景观廊道将它们串联在一起(亚历山大·加文 摄)

亚特兰大环线最初并不是为了给市民创造休闲娱乐机会。1999 年,佐治亚理工学院的一篇硕士论文将环线铁路定义为重要的过境交通走廊。

2004 年，公共土地信托公司委托亚历山大·加文设计公司分析亚特兰大绿色空间面临的挑战和机遇。[22] 我认为，环线计划为亚特兰大提供了公园和休闲步道，还能容纳更多的公共交通。2004 年底，亚历山大·加文设计公司提交了"翡翠项链"的详细方案，该方案受到波士顿翡翠项链公园体系的启发（参见第 7 章）。[23]

次年，雪莉·富兰克林（Shirley Franklin）市长成立了亚特兰大环线合作机构，负责建造公园、小径和街道过程中的协调工作。市议会通过了"环线重建计划"（增值融资计划），并且委托亚特兰大环线公司（Atlanta BeltLine, Inc.）予以执行。

亚特兰大，环线计划（2015 年）环线服务于不同年龄、不同肤色的人，改变了人们的生活方式（亚历山大·加文　摄）

亚特兰大，环线计划（2014 年）环线东部新建了大量房屋，这是环线计划的一部分（亚历山大·加文　摄）

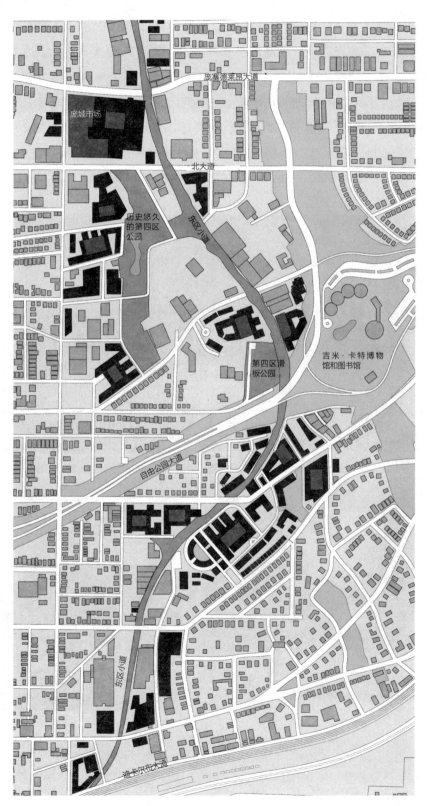

亚特兰大，环线计划（2013 年）
环线一期工程位于城市东侧，
房地产开发商投资建造城市公
共空间
（欧文·豪利特、亚历山大·加
文　绘）

仅仅几年间，环线计划取得了一定成功。2005 至 2013 年，环线东侧已完成或正在进行的房地产开发项目价值 7.75 亿美元。[24] 自此之后，建设速度加快。2015 年底，詹姆斯敦房地产公司（Jamestown Properties）将完成庞城市场项目，该项目是对美国东南部西尔斯罗巴克公司物流中心（兴盛于 1926 年至 1987 年，占地面积 195 096 平方米）进行改造，包括 259 栋共管公寓、27 871 平方米的办公空间和 51 097 平方米的零售商铺。未来，沿环线的房地产开发会愈发火爆。

亚特兰大，环线计划（2014 年）
第四区公园吸引了新一轮市场投资
（亚历山大·加文　摄）

亚特兰大，环线计划（2014 年）
公园和房屋改变了整个社区
（亚历山大·加文　摄）

生活在环线周边的人们，日常生活发生了很大的变化。公园廊道成为人们
共享的会面、骑行、滑冰、慢跑、散步的地方。越来越多的环线向公众开放，
对城市居民的影响越来越大。

城市环线的建造有助于降低人们对私家车的依赖，缓解高峰时高速公路的
拥堵。亚特兰大成功地建造了一个公园系统取代了洲际公路，促进了城市
的发展，成为数十万亚特兰大居民日常生活的焦点。更重要的是，环线公
园充分说明了 21 世纪的城市如何将那些已衰败的土地改造成城市公共空
间，改变人们的日常生活，并且吸引房地产投资，将产生的收益用于建造
更多的城市公共空间，这是一个良性循环。

亚特兰大，庞城市场（2014 年）
这个耗费 2 亿美元的项目包括
零售店、餐厅、办公空间、公寓、
以及可停放 1300 辆汽车的停
车场
（约翰·克利福德　摄）

多伦多，滨水区 20 世纪下半叶，与航运、海运相关的工业活动和大型制造业被纽约、伦敦和阿姆斯特丹等主要港口城市转移出去。21 世纪，港口城市面临着阿姆斯特丹千年以来面临的难题：上升的地下水位和极具破坏力的洪水泛滥。城市需要重新规划滨水区域为城市注入新的活力。

多伦多，滨水区（1983 年）
重建项目正在进行中
（多伦多城市，欧文·豪利
特 绘）

多伦多通过重新设计安大略湖沿岸 46.7 千米的岸线空间，成功地解决了这个难题。滨水区相连的 3.5 千米铁路轨道和加德宁高速公路将沿线分布的海运、制造、仓储企业与市中心分隔开来。这一区域的蓝领工人失业率逐年上升。

加拿大规模最大的城市中央商业区对土地规划进行了重大改革，需要克服环境、经济上的诸多困难。沿湖岸的房地产，所有权比较分散，处于不同政府机构的监督下并受到行政区划等多重因素的限制。为了解决这些困难，多伦多市专门成立了新的机构来重新开发这个地区。

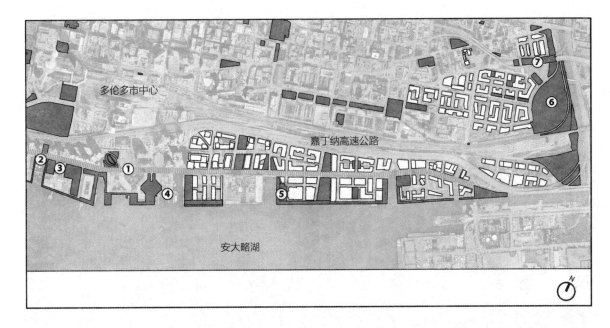

多伦多市中心

嘉丁纳高速公路

安大略湖

恢复湖滨所需的资金比许多技术问题、政策问题和环境问题更令人望而生畏。环境整治、土地重新开垦等工作所需的费用将超过 40 亿美元——这一数额远远超过了任何私人地产所有者所能筹集的资金。实际上，40 亿美元只是必要的基础投资。重新规划建设大部分场地还需要 340 亿美元的私募股本投资。[25] 这笔巨款是难以通过政府预算来解决的。

1971 年，《多伦多星报》开始将非港口相关的事务转移到滨水区。第二年，加拿大政府在约克街以西、嘉丁纳高速公路南部和联合车站（商业区的中心）对面——安大略湖多伦多岸边收购了一块 40 公顷的土地。[26] 四年后，政府成立了联邦湖滨公司（Federal Harbourfront Corporation）来开发这块土地。该公司实施的第一个项目是对 69 677 平方米的皇后码头进行改造。1983 年，这个拥有 57 年悠久历史的 10 层冷藏仓库变成一栋集办公、住宅、零售、艺术展示于一体的 14 层混合建筑物。

多伦多滨水区的重建工程：
① 皇后码头大道
② 锡姆科波浪桥
③ 港畔（滨湖）中心
④ 渡轮码头／港口码头
⑤ 蜜糖海滩
⑥ 科克城公园
⑦ 桥下公园
（特雷弗·加德纳 绘）

多伦多，港畔中心（2014年）
重建工程刺激了市场需求
（亚历山大·加文　摄）

然而，到 20 世纪末，很明显，如果没有省政府和市政府机构的直接参与和合作，联邦湖滨公司无法承担多伦多滨水区的重建的重任。认识到这一点，加拿大政府决定重新建设多伦多滨水区，并争夺 2008 年夏季奥运会的主办权。还有什么地方比安大略湖湖岸更适合奥运村和比赛场馆的选址呢？还有什么比每天 50 万人的人流量更能推动城市旅游业的发展呢？

1999 年，加拿大总理、安大略省长以及多伦多市长成立了多伦多滨水区复兴工作组，负责多伦多中部滨水地区的重建和复兴工作。工作组建议成立由三级政府共同资助的多伦多滨水区公司，负责监督和引导工作。[27] 一年后，联邦政府、省、市宣布并承诺花费 15 亿美元，振兴多伦多滨水区。尽管加拿大未能成功获得奥运会举办权，却成功重建了多伦多滨水区。

多伦多滨水区公司与多伦多市政府、港畔中心、港口管理局以及其他利益相关者合作，采取了以下措施：

1　为房地产开发商寻找滨水区可供开发的资源。

2　帮助房地产开发商采取行动，应对当前和未来的环境难题（比如管理雨洪、清理受污染的土壤、防止洪水泛滥等）。

3　以投资刺激市场需求。

4　新建住宅区，拓展业态，提供配套的基础设施。

5　在水边建造可用的设施、设备，提高可达性。

6　聘请优秀建筑师，合理布局城市公共空间。

7　加强与市区的联系。

多伦多滨水区的重建取得了成功，这得益于一系列有效的措施：提高滨水区可达性，改善交通条件，建造具有吸引力的目的地，提供各种便民设施。荷兰 West 8 景观设计与城市规划事务所与多伦多 DTAH 公司合作，凭借该设计方案，在"2006 年多伦多滨水区中央滨水区公共空间国际设计大赛"中获胜。

West 8 事务所与多伦多 DTAH 公司联合滨水区工作人员，一起设计了城市公共空间，包括很多绿色草坪、供人们休息的长凳，以及游乐场。人们可租用皮划艇，泛舟安大略湖，沿着横穿公园的路径漫步数小时，参加音乐会、戏剧表演和节日活动，在岸边跳舞。新建的皇后码头大道于 2015 年对外开放。周边分布着新建的办公楼、公寓楼、酒店、零售店、咖啡馆和餐馆。

此外，科克城公园也非常引人注目。该公园由迈克尔·范·瓦尔肯堡景观建筑有限公司设计，占地面积 7.3 公顷，于 2013 年对外开放。[28] 八年前，多伦多提出建设滨水区域，对该地区进行土壤净化并建造一个巨大、平坦的公共空间，像堤坝一样，如果唐河溢出堤岸，可抑制洪水泛滥。[29] 很多市民意见一致，希望护堤不仅仅具有防洪功能，他们说服政府，除了阻挡洪水和修复受污染的土地，还应当采取以下措施：① 将一些地区重建为功能性湿地；② 其余部分建造相对较低的山丘以及一个可阻挡洪水、绿树成荫的公园；③ 公园同时作为社区的中心地带，为居民提供休闲娱乐设施。

多伦多滨水区，科克城公园
（2014 年）
该公园的建设目标：净化受污染的土地，建造功能性湿地，抵御洪水的侵袭
（亚历山大·加文 摄）

科克城公园包括数百棵树木和灌木、运动场、野餐桌、长椅、开放式草坪。最具特色的是精心设计的山丘，既是雨水消纳设施，又是孩子们与水生植物、鸟类、青蛙、鸭子和其他野生动物亲密互动的一方天地。

多伦多滨水区，科克城公园
（2014 年）
该公园为附近的居民带来了诸多福利
（亚历山大·加文　摄）

第 303 页上图：多伦多滨水区，锡姆科波浪桥（2014 年）
波浪桥极具创意功能，可作为无背座椅，也可为人们提供聚会场地和休闲娱乐设施
（亚历山大·加文　摄）

第 303 页下图：多伦多滨水区，蜜糖海滩（2014 年）
蜜糖海滩于 2010 年开放，包括 36 把亮粉色的金属遮阳伞和 150 把条纹木椅，以及演出广场和绿树成荫的人行散步道
（亚历山大·加文　摄）

多伦多滨水区，桥下公园（2014 年）
未被利用的空间转变为可利用的休闲娱乐设施
（亚历山大·加文　摄）

多伦多滨水区包括很多令人印象深刻的休闲娱乐目的地，比如桥下公园，以及设在唐河谷公园高架路匝道下的儿童游乐场。West 8 事务所设计了三个起伏的木质波浪桥。虽然起伏的木板桥取代了狭窄的人行散步道，但它们与无背座椅功能相同，供人们观赏滨水区美景、聚会吃饭或摄影留念。

多伦多滨水区的城市公共空间提供很多活动场地，营造了宜居的环境，让每个人倍感幸福。比如，蜜糖海滩上设置了色彩鲜艳的遮阳伞，这里原先是一个占地面积 0.8 公顷的停车场，拆除之后新建了很多休闲娱乐设施。[30]

多伦多滨水区，蜜糖海滩（2014年）
（亚历山大·加文　摄）

多伦多，皇后码头大道（2015年）
皇后码头大道于 2015 年夏季对外开放，3.5 千米长的大道成为多伦多市中心的主要目的地
（亚历山大·加文　摄）

皇后码头大道可以说是多伦多滨水区最重要的组成部分，由 West 8 事务所和 DTAH 公司联合设计，长 3.5 千米，于 2015 年开放，沿地块北侧延伸，包括绿树成荫且铺设红白色花岗岩的加宽人行道、马丁·古德曼自行车和慢跑道，并且只有两条交通车道。[31] 规划设计之初，考虑到滨水区的城市公共空间比较分散，因此需要建造一条大道，将不同的区域串联在一起。皇后码头的复兴经历了重重困难，不仅要扭转人们的看法，还要满足不同层面、不同用户对城市公共空间调整的需求，通过将两条车道改造为由行人漫步道和自行车道组成的林荫路。其余两条车道进行限速，改造为城市慢车道。在开通后的三个月内，皇后码头大道的自行车数量从每小时 45 辆增加到高峰时段每小时 500 辆，几乎一夜之间便成为多伦多最受欢迎的休闲自行车设施。

皇后码头大道的配套设施是港口码头，位于皇后码头与央街和贝街的交叉口，这是从多伦多市中心通往安大略湖岛屿渡轮的主干道。KPMB 建筑事务所、West 8 事务所和格林伯格咨询公司（Greenberg Consulting）负责港口码头的规划设计，在两条东西向廊道的临界接合点以及与央街和贝街的交会处，将新的渡轮码头与公园连接起来。地下设有停车场；地面上建造渡轮码头；屋顶上建造一个有轻微地形起伏的绿色公园；公园包括人行散步道、小船、游乐区、观景台和升降桥，提供航运、摆渡和水上出租车服务，组织观光游船和休闲泛舟活动。

2015 年，港口码头吸引了 66 000 名新居民，临近地块新增 2 万居民，并创造了 51 000 个就业岗位；附近开设了 278 709 平方米的零售店、餐馆和画廊，建造了各种社区设施（包括学校和日托中心）和 175 公顷的公园设施。[32]

多伦多滨水区，港口码头（2015 年）
起伏的绿色公园包括杰克·莱顿渡轮码头、地下停车库、人行散步道和船坞
（格林伯格咨询公司）

如何造就一座伟大的城市

多伦多滨水区改进的步伐依然不会停止。多伦多滨水区与其他伟大的城市公共空间一样，为了满足当前和未来的居住者和市场的需求而不断变化，这是伟大的城市公共空间的共同特点。伟大的城市应当不断地完善公共空间。那么，城市应如何考虑打造一个更好的公共空间，从而造就一座"伟大的城市"呢？

很多人心目中的"伟大的城市"可能与柯布西耶的观点类似，即"成熟的城市"。有人错误地认为，城市的大部分土地已被开发，没有多余的空间；那些已建成的街道、公园、广场和建筑物无法改变。本章列举的示例充分反驳了这一点。伟大的城市善于在改善城市公共空间的同时不损害人们的日常生活。

巴黎共和国广场、休斯敦橡树大道，这些改造工程使城市公共空间更具有可达性，改善的交通状况为人们提供了更多空间。城市应当不断审视现有的城市公共空间，确定采取哪些措施，以提高空间利用率或做其他完善。此外，伟大的城市公共空间有助于吸引新居民和房地产开发项目，刺激市场需求，推动当地经济发展。

亚特兰大环线和布鲁克林大桥公园展示了城市将未充分利用的土地改造成全新的城市公共空间，改变了城市生活。

多伦多滨水区做了两项工作：收购未充分利用且被遗弃的土地，改善已有的城市公共空间，以便吸引并留住使城市变得更美好的人。

希望通过本书，大家有所收获，让我们一同造就伟大的城市！

多伦多，皇后码头大道（2015 年）
（亚历山大·加文　摄）

注 释

前言

1 F. Scott Fitzgerald, "My Lost City," *The Crack-UP* (New York: New Directions, 1945), 30.

2 Warren Hoge, "Bilbao's Cinderella Story," *New York Times*, August 8, 1999.

3 Jörg Plöger, *Bilbao City Report*, Centre for Analysis of Social Exclusion (London: London School of Economics, 2007).

4 Basque Statistics Office.

5 Interview with Pablo Otaolo, director of the Zorrotzaurre Urbanistica and former director general of Bilbao Ría 2000, June 5, 2013; interview with First Deputy Mayor Ibon Areso, June 6, 2013; interview with Juan Ignacio Vidarte, director general of Guggenheim, Bilbao, June 6, 2013.

6 I am deeply indebted to Pablo Otaolo, who first explained to me the strategy and actions behind the revitalization of Bilbao, and who has directed much of the redevelopment program.

7 Areso interview.

8 Plöger, 28.

9 Instituto Nacional de Estadistica (Spanish Statistical Office), Madrid, 2013.

1 城市公共空间的重要性

1 Alexander Garvin, *The American City: What Works, What Doesn't*, 3rd ed. (New York: McGraw-Hill Education,2013), 96–98.

2 Alexander Garvin, *The Planning Game: Lessons from Great Cities* (New York: W. W. Norton & Company, 2013),182–188.

2 城市公共空间的特点

1 Jane Jacobs, *The Death and Life of Great American Cities* (New York: Random House, 1961), 14.

2 Ibid., 150.

3 The World Commission on Environment and Development, *Our Common Future* (Oxford: Oxford UniversityPress, 1987), 8.

3 对公众开放

1 Robert F. Gatje, *Great Public Squares: An Architect's Selection* (New York: W. W. Norton & Company, 2010), 50–55;Michael Webb, The City Square: A Historical Evolution (New York, The Whitney Library of Design, 1990), 32–36.

2 For a discussion of the origin and evolution of Oglethorpe's plan of Savannah, see Thomas D. Wilson, *TheOglethorpe Plan: Enlightenment Design in Savannah and Beyond* (Charlottesville: University of Virginia Press,2012).

3 Gerald T. Hart, "Office Building Expansion," *Downtown Denver—A Guide to Central City Development* (Washington,D.C.: Urban Land Institute, 1965), 26.

4 Alexander Garvin, *The American City: What Works, What Doesn't*, 3rd ed. (New York, McGraw-Hill Education,2013), 176–177.

5 Ibid., 219–228; Howard Kozloff and James Schroder, "Business Improvement Districts (BIDS): Changing the Faces of Cities," *The Next American City 11* (Summer 2006), http://americancity.org/magazine/article/web-exclusive-kozloff/; and O. Houstoun Jr., "Business Improvement Districts," (Washington, D.C.: UrbanLand Institute, April 2003).

6 Leo Adde, *Nine Cities: The Anatomy of Downtown Renewal* (Washington, D.C.: Urban Land Institute, 1969),188.

7 Harvey M. Rubenstein, *Pedestrian Malls, Streetscapes, and Urban Spaces* (New York: John Wiley & Sons, Inc.,1992), 186.

8 Robert Schwab, "16th Street Mall Tops Area Tourist Draws," *Denver Post*, June 22, 2000.

9 *Denver Post*, September 6, 2015, http://www.denverpost.com/editorials/ci_28759582/time-reset-

denvers-16th-street-mall.

10 Allan B. Jacobs, Elizabeth Macdonald, and Yodan Rofé, *The Boulevard Book: History, Evolution, Design of Multiway Boulevards* (Cambridge, Mass.: MIT Press, 2002), 83.

11 Gatje, *Great Public Squares,* 150–157.

12 Garvin, *The American City*, 371–375.

13 Hultin, Johansson, Martelius, and Waern, *The Complete Guide to Architecture in Stockholm* (Stockholm: Arkitektur Forlag AB, 2009), 7.

14 Robert A. M. Stern, "Introduction," in Shirley Johnston, *Palm Beach Houses* (New York: Rizzoli International Publishers, 1991), 8–23.

4　人人均可使用

1 Frederick Law Olmsted, "Public Parks and the Enlargement of Towns," in Charles E. Beveridge and Carolyn Hoffman, eds., *The Papers of Frederick Law Olmsted*, Supplementary Series, Volume I, (Baltimore: The Johns Hopkins Press, 1997), 186.

2 Jan Gehl, *Life Between Buildings: Using Public Space* (Copenhagen: The Danish Architectural Press, 2001), 11.

3 Edmond Texier, quoted in Patrice de Moncan, *Les Grands Boulevards de Paris: De la Bastille a la Madeleine* (Biarritz, France: Les Editions du Mecene, 1997), 166.

4 Olmsted, Vaux, and Co., Report to the Chicago South Park Commission, March 1871, reproduced in Beveridge and Hoffman, *Papers of Frederick Law Olmsted*, 217.

5 *Galen Cranz*, 7–8.

6 Michael Webb, *The City Square: A Historical Evolution* (New York: The Whitney Library of Design, 1990), 9.

7 Alta Macadam, *Rome* (New York: W. W. Norton, 2003), 182–184.

8 Franklin Toker, *Pittsburgh: An Urban Portrait* (Pittsburgh: University of Pittsburgh Press, 1994), 29–31; http://marketsquarepgh.com.

9 David Brownlee, personal communication, May 5, 2014.

10 For a discussion of the role and history of business improvement districts, see Alexander Garvin, *The American City: What Works, What Doesn't*, 3rd ed. (New York, McGraw-Hill Education, 2013), 219–228.

11 Project for Public Places, Downtown Pittsburgh Partnership, and the Urban Redevelopment Authority of Pittsburgh, *Pittsburgh Market Square: A Vision and Action Plan*, Pittsburgh, November 2006.

12 http://www.downtownpittsburgh.com/play/market-square.

13 Interview with Douglas Blonsky, president and CEO of The Central Park Conservancy, July 1, 2014.

14 Morrison H. Heckscher, *Creating Central Park* (New York: Metropolitan Museum of Art, 2008), 21.

15 Roy Rosenzweig and Elizabeth Blackmar, The Park and The People: A History of Central Park (Ithaca, N.Y.: Cornell University Press, 1992), 150, 160–161.

16 Frederick Law Olmsted, Letter to William Robinson, dated May 17, 1872, reprinted in David Schuyler and Jane Turner Censer, eds., *The Papers of Frederick Law Olmsted*, Volume VI, (Baltimore: The Johns Hopkins University Press, 1992), 551.

17 Blonsky interview.

18 Allan B. Jacobs, *Great Streets* (Cambridge, Mass.: MIT Press, 1995), 37.

19 Ibid., 96.

20 http://www.cityofchicago.org/city/en/depts/cdot/supp_info/make_way_for_people.html.

21 http://www.streetsblog.org/2008/04/18/sadik-khan-were-putting-the-square-back-in-madison-square/.

22 http://www.nyc.gov/html/dot/html/pedestrians/public-plazas.shtml.

23 "Corona Plaza Receives $800K Leadership Gift," *Queens Gazette*, December 4, 2013.

24 Jane Jacobs, *The Death and Life of Great American Cities* (New York: Random House, 1961), 150.

5　吸引并保持市场需求

1 Richard Florida, *The Rise of the Creative Class* (New York: Basic Books, 2002), 5.

2 Ibid., 16.

3 For a detailed account of the history of Third Street, see Alexander Garvin, *The Planning Game: Lessons from Great Cities* (New York, W. W. Norton & Company, 2013), 58–63.

4 For a discussion of the role and history of business improvement districts, see Alexander Garvin, *The American City: What Works, What Doesn't*, 3rd ed. (New York, McGraw-Hill Education, 2013), 219–228.

5 Joan DeJean, *How Paris Became Paris: The Invention of the Modern City* (New York: Bloomsbury, 2014), 46.

6 Robert F. Gatje, *Great Public Squares: An Architect's Selection* (New York: W. W. Norton & Company, 2010), 137.

7 Hilary Ballon, *The Paris of Henri IV: Architecture and Urbanism* (New York: The Architectural History Foundation and the MIT Press), 1991, 68–71.

8 Geometrically clipped linden trees were planted on the square's perimeter in 1682, but lasted for only a century. Replacements, planted at the start of the twentieth century, also did not survive.

9 John Summerson, *Georgian London* (London: Barrie & Jenkins, 1988), 166–180.

10 Steen Eiler Rasmussen, *London, the Unique City* (Cambridge, Mass.: MIT Press, 1967), 271–291; Ben Weinreb and Christopher Hibbert, eds., The London Encyclopaedia (London: Macmillan London Limited, 1993), 660–66.

11 Garvin, *The Planning Game*, 81–84.

12 Georges-Eugène Haussmann, *Memoires du Baron Haussmann* (1890; repr., Boston: Elibron Classics, 2006): Tome III, 496–497 (translation by the author).

13 Adolphe Alphand, *Les Promenades de Paris* (1873: repr., Paris: Connaissance et Memoires, 2002), 237.

14 The avenue connecting the Arch of Triumph to the Bois de Boulogne was called Avenue de l'Impératrice until 1870, when it was renamed Avenue Général-Uhrich. In 1875 it became Avenue du Bois de Boulogne. In 1929 it was renamed again in honor of World War I hero Marechal Ferdinand Foch.

15 Tertius Chandler and Gerald Fox, *3000 Years of Urban Growth* (New York: Academic Press, 1974), 150.

16 Garvin, *Planning Game*, 70–71.

17 Jean Des Cars and Pierre Pinon, *Paris–Haussmann* (Paris: Editions Du Pavillion de l'Arsenal, 1991), 95–99.

18 Haussmann: Tome II, 87.

19 Eugene Sue, *Les Mysteres de Paris* (Paris: Robert Laffont, 1998), 31–33, quoted in Michel Carmona, *Haussmann: His Life and Times, and the Making of Modern Paris* (Chicago: Ivan R Dee, 2002); Haussmann: Tome II (Part 1), 487.

20 Garvin, *Planning Game*, 97–121.

21 Walter Moody, *What of the City?* (Chicago: A. C. McClurg & Co., 1919), 374.

22 http://www.wienerlinien.at/media/files/2011/wl_annual_report.

23 Roberto Brambilla and Gianni Longo, *For Pedestrians Only: Planning, Design, and Management of Traffic-Free Zones* (New York: Whitney Library of Design, 1977), 114–117.

24 Garvin, *American City*, 584–587.

25 Christopher Gray, "An Enduring Strip of Green in an Ever-Evolving City," *New York Times*, April 22, 2007.

26 Alexander Garvin, *Public Parks: The Key to Livable Communities* (New York: W. W. Norton, 2010), 160–164.

27 Ibid., 158–159.

28 William J. Thompson, *The Rebirth of New York City's Bryant Park* (Washington, D.C.: Spacemaker Press, 1997), 8.

29 William H. Whyte, *The Social Life of Small Urban Spaces* (Washington, D.C.: The Conservation Foundation, 1980), especially 58.

30 Garvin, *Public Parks*, 51–52.

6　提供成功的城市框架

1 Kevin Lynch, *The Image of the City* (Cambridge, Mass.: MIT Press, 1960), 46–49.

2 Douglas Allen, "Learning from Atlanta," in Harley F. Etienne and Barbara Faga, eds., *Planning Atlanta* (Chicago: Planners Press, American Planning Association 2014), 15.

3 Ibid.

4 Antun Travirka, *Dubrovnik* (Zadar, Croatia: Forum, 1999), 14, 54–59.

5 Edmund Bacon, *Design of Cities* (New York: Viking Press, 1967), 117.

6 W. Bruce Lincoln, *Sunlight at Midnight: St. Petersburg and the Rise of Modern Russia* (New York: Basic Books, 2002), 17–20.

7 Ibid., 32–33.

8 Nikolai Gogol, "Nevsky Prospekt," in Leonard J. Kent, ed., *The Complete Tales of Nikolai Gogol*, Volume 1, (Chicago: University of Chicago Press, 1985), 207.

9 Joan DeJean, *How Paris Became Paris: The Invention of the Modern City* (New York: Bloomsbury, 2014), 96.

10 Bernard Rouleau, *Paris Histoire d'un Espace* (Paris: Editions du Sieuil, 1997), 227.

11 Patrice de Moncan, *Les Grands Boulevards de Paris: De la Bastille a la Madeleine* (Biarritz, France: Les Editions du Mecene, 1997), 7.

12 DeJean, *How Paris Became Paris,* 109.

13 Ibid., 97.

14 They included (and still do) the Boulevards des Capucines, des Italiens, Montmartre, Poissonniere, Bonne Nouvelle, Saint-Denis, Saint-Martin, Filles du Calvaire, Temple, and Beaumarchais, which extended from the Madeleine to the Bastille.

15 DeJean, *How Paris Became Paris*, 97.

16 Pierre Pinon, *Atlas du Paris haussmannien: La ville en heritage du Second Empire a nos jours* (Paris, Editions Parigramme), 24–39.

17 Alexander Garvin, *The Planning Game: Lessons from Great Cities* (New York, W. W. Norton & Company, 2013), 86–93.

18 Interview with Eugenie Ladner Birch, Lawrence C. Nussdorf Professor of Urban Research and Education, University of Pennsylvania, December 23, 2013.

19 Caroline Brooke, *Moscow: A Cultural History* (Oxford: Oxford University Press, 2006), 13.

20 Timothy J. Colton, *Moscow: Governing the Socialist Metropolis* (Cambridge, Mass.: Belknap Press of Harvard University Press, 1995), 272–280.

21 Ivan Lykoshin and Irina Cheredina, *Segey Chernyshev, Architect of the New Moscow* (Berlin: DOM Publishers, 2013), 159.

22 I am indebted to Olga Zinovieva for clarifying the differences among Moscow's major arteries and, in particular, for confirming that the trees that lined Tverskaya Ulitsa and the New Arbat were removed at the end of the twentieth century.

23 Colton, *Moscow*, 147.

24 Hilary Ballon, ed., *The Greatest Grid: The Master Plan of Manhattan*, 1811–2011 (New York: Museum of the City of New York and Columbia University Press, 2012).

25 Marion Clawson, *The Land System of the United States* (Lincoln, Neb.: University of Nebraska Press, 1968), 44–53.

26 Sam Roberts, "City of Angles," *New York Times*, July 2, 2006.

27 Alexander Garvin, *The American City: What Works, What Doesn't*, 3rd ed. (New York, McGraw-Hill Education, 2013), 495–504.

28 Ibid., 495–504, 505–507.

29 City of New York Temporary Commission on City Finances, An Historical and Comparative Analysis of Expenditures in the City of New York, New York City, October 1976, 28.

30 Interviews with Daniel Biederman, president of the Thirty-Fourth Street Partnership, November 18, 2013 and December 18, 2013.

31 Howard Kozloff, "34th Street Partnership," in O. Houstoun Jr., "Business Improvement Districts," (Washington, D.C.: Urban Land Institute, April 2003), 176–184.

32 Statistics for Thirty-Fourth Street were provided by Maureen Devenny, research assistant, and Anne Kumer, archivist, Thirty-Fourth Street Partnership, December 18, 2013.

7　营造宜居的环境

1 Fredrick Law Olmsted, quoted by Charles E. Beveridge in "Planning the Niagara Reservation," in *The Distinctive Charms of Niagara Scenery: Frederick Law Olmsted and the Niagara Reservation* (Niagara University, 1985), 21.

2 Fredrick Law Olmsted, "Paper on the (Back Bay) Problem and its Solution read before the Boston Society of Architects" (1886), reprinted in Beveridge and Hoffman, eds., *Papers of Frederick Law Olmsted*, Supplementary Series, Vol. I, 441–442.

3 Ibid., 437–452.

4 Frederick Law Olmsted, "Notes on the Plan of Franklin Park and Related Matters" (1886), reprinted in Charles E. Beveridge, Carolyn F. Hoffman, and Kenneth Hawkins, eds., *The Papers of Frederick Law Olmsted*, Volume VII, (Baltimore: The Johns Hopkins University Press, 2007), 468.

5 E. W. Howe, city engineer, "The Back Bay Park," from the proceedings of the Boston Society of Civil Engineers, (1881), 126.

6 Fredrick Law Olmsted, "Paper on the (Back Bay) Problem and its Solution," 441–442.

7 Frederick Law Olmsted, "Suggestions for the Improvement of Muddy River" (December 1880), reprinted in Beveridge, Hoffman, and Hawkins, eds., *The Papers of Frederick Law Olmsted*, Volume VII, 517.

8 Alexander Garvin, *Public Parks: The Key to Livable Communities* (New York: W. W. Norton, 2010), 142–147.

9 Alexander Garvin, *The Planning Game: Lessons from Great Cities* (New York, W. W. Norton & Company, 2013), 132–163.

10 Robert Moses, "The Building of Jones Beach" (a tape-recorded talk delivered on February 26, 1974, at a meeting of the Freeport Historical Society), published in Joann P. Krieg, ed., *Robert Moses: Single-Minded Genius* (Interlaken, NY: Heart of the Lakes Publishing, 1989), 135.

11 http://www.nysparks.com/parks/10/details.aspx.

12 Cleveland Rodgers, *Robert Moses: Builder for Democracy* (New York: Henry Holt and Company, 1952), 55; *John Hane, Jones Beach: An Illustrated History* (Guilford, Conn.: The Globe Press, 2007), 14–17.

13 Robert Moses, *Public Works: A Dangerous Trade* (New York, McGraw-Hill Inc., 1970), 97–98.

14 Tom Lewis, *Divided Highways: Building the Interstate Highways, Transforming American Life* (New York: Viking Penguin, 1997), 37.

15 New York State Department of Motor Vehicles.

16 Hane, *Jones Beach*, 3.

17 Owen D. Gutfreund, "Rebuilding New York in the Auto Age: Robert Moses and His Highways," in Hilary Ballon and Kenneth T. Jackson, eds., *Robert Moses and the Modern City: The Transformation of New York* (New York: W.W. Norton & Company, 2007), 90.

18 Robert Moses, "New Highways for a Better New York," *New York Times*, November 11, 1945.

19 "To Add 2000 Acres to State Parks," New York Times,

November 30, 1925.

20 NYC highways were built by borough presidents. As chair of the Triborough Bridge and Tunnel Authority, Moses was responsible for the bridges and tunnels that connected them. In addition, as NYC parks commissioner, the agency he administered built and managed the city's many parkways.

21 Carl Abbott, *Portland: Planning, Politics, and Growth in a Twentieth-Century City* (Lincoln, Neb.: University of Nebraska Press, 1983), 211–214.

22 Alexander Garvin, *The American City: What Works, What Doesn't,* 3rd ed. (New York, McGraw-Hill Education, 2013), 598–600: 1 Robert F. Gatje, *Great Public Squares: An Architect's Selection* (New York: W. W. Norton & Company, 2010), 216.

23 Garvin, *Public Parks*, 81–82.

24 Interview with Bram Gunther, chief of forestry, horticulture, and natural resources, NYC Department of Parks and Recreation, January 9, 2014.

25 Dan L. Perlman and Jeffrey C. Milder, *Practical Ecology for Planners, Developers, and Citizens* (Washington, D.C.: Lincoln Institute of Land Policy, 2004), 49.

26 John W. Reps, *The Making of Urban America: A History of City Planning in the United States* (Princeton, N.J.: Princeton University Press, 1965), 304.

27 Terence Young, *Building San Francisco's Parks 1850–1930* (Baltimore: Johns Hopkins Press, 2004), 171–172.

28 http://www.tfl.gov.uk/assets/downloads/congestion-charging-low-emission-factsheet.

29 http://www.tfl.gov.uk/assets/downloads/corporate/central-london-peak-count-supplementary-report.pdf.

30 https://www.stadt-zuerich.ch/portal/en/index/portraet_der_stadt_zuerich/zahlen_u_fakten.html.

31 Samuel I. Schwartz with William Rosen, *Street Smart: The Rise of Cities and the Fall of Cars* (New York: Public Affairs, 2015), 174–181.

32 Ibid., 178.

33 Ibid., 176–177.

34 Ibid., 175.

35 Lois Wille, Forever Open, *Clear and Free: The Struggle for Chicago's Lakefront* (Chicago: The University of Chicago Press, 1972), 3.

36 Dennis McClendon, *The Plan of Chicago: A Regional Legacy* (Chicago: Chicago CartoGraphics), 2008.

37 Garvin, Public Parks, 120–135.

38 Daniel Burnham and Edward Bennett, *Plan of Chicago* (1909; repr., New York: Da Capo Press, 1970), 50.

39 Lewis F. Fisher, *Crown Jewel of Texas: The Story of the San Antonio River* (San Antonio: Maverick Publishing Company, 1997), 31–35.

40 Ibid., 41–42.

41 http://www.thesanantonioriverwalk.com/history/history-of-the-river-walk.

42 Clare A. Gunn, David J. Reed, and Robert E. Cough, *Cultural Benefits from Metropolitan River Recreation—San Antonio Prototype* (College Station, Tx.: Texas A & M University, 1972) and http://www.thesanantonio riverwalk.com/history/history-of-the-river-walk.

43 Garvin, *Public Parks*, 65–67.

44 http://communitylink.com/san-antonio-texas/2011/02/17/hospitalitytourism/.

45 https://www.sara-tx.org/public_resources/library/documents/SARA-fact_sheets/SARIP-ENG.pdf.

46 NYC Planning Commission, *Capital Needs and Priorities for the City of New York* (New York: NYC Department of City Planning, March 1, 1978), 3.

47 Alexander Garvin, Parks, *Recreation, and Open Space: A Twenty-First Century Agenda*, Planning Advisory Service Report 497/498 (Chicago: American Planning Association, 2000), 40–42.

48 New York City is divided into fifty-nine community districts, whose fifty board members participate in the annual budget-making process.

49 Interview with Douglas Blonsky, president and CEO of The Central Park Conservancy, July 1, 2014.

8 形成市民社会

1 Mike Lydon and Anthony Garcia, *Tactical Urbanism: Short-Term Action for Long-Term Change* (Washington, D.C.: Island Press, 2015).

2 Neville Braybrooke, *London Green* (London: Victor Gollancz Ltd, 1959), 49.

3 Ibid., 54–55.

4 Ben Weinreb and Christopher Hibbert, eds., *The London Encyclopaedia* (London: Macmillan London Limited, 1993), 414, 660–664.

5 Alexander Garvin, *The American City: What Works, What Doesn't*, 3rd ed. (New York, McGraw-Hill Education, 2013), 220–228.

6 Michael Kimmelman, "In Istanbul's Heart, Leader's Obsession, Perhaps Achilles' Heel," *New York Times*, June 7, 2013.

7 City of Copenhagen, *Copenhagen Bicycle Account 2012* (in Danish), 2013.

8 Jan Gehl, Lars Gemzoe, Sia Kirknaes, and Britt Sondergaard, *New City Life* (Copenhagen: The Danish Architectural Press, 2006), 24.

9 City of Copenhagen, *Copenhagen Bicycle Account 2010* (in Danish), 2011.

10 http://www.smartgrowthamerica.org/complete-streets/complete-streets-fundamentals/complete-streets -faq.

11 Lesley Bain, Barbara Gray, and Dave Rodgers, *Living Streets: Strategies for Crafting Public Space* (Hoboken, N.J.: John Wiley & Sons Inc., 2012), 99.

12 W. Bruce Lincoln, *Sunlight at Midnight: St. Petersburg and the Rise of Modern Russia* (New York, Basic Books, 2002), 113–114.

13 Maria Teresa, *City Squares of the World* (Verscelli, Italy: White Star Publishers, 2000), 122.

14 Ibid., 190–191.

15 Ibid., 248.

16 Michael Webb, *The City Square: A Historical Evolution* (New York: The Whitney Library of Design, 1990), 168.

17 Caroline Brooke, *Moscow: A Cultural History* (Oxford, UK: Oxford University Press, 2006), 33–58.

18 Times Square Alliance, http://www.timessquarenyc.org/index.aspx.

19 David Freeland, *Automats, Taxi Dances, and Vaudeville: Excavating Manhattan's Lost Places of Leisure* (New York: New York University Press, 2009), 70–127.

20 Edwin G. Burrows and Mike Wallace, *Gotham: A History of New York City to 1898* (New York: Oxford University Press, 1999), 1149.

21 Ric Burns and James Sanders, *New York: An Illustrated History* (New York: Alfred A. Knopf, 2003), 347–351.

22 David Freeland, Automats, 166.

23 Garvin, *The American City,* 511–513.

24 Lynne B. Sagalyn, *Times Square Roulette: Remaking*

the City Icon (Cambridge, Mass: MIT Press, 2001).

25 Times Square Alliance, *Twenty Years: Twenty Principles* (New York: Times Square Alliance, 2013), 6. (http:// www. timessquarenyc.org/)

26 Interview with Tim Tompkins, president, Times Square Alliance, March 26, 2014.

27 Samuel I. Schwartz with William Rosen, *Street Smart: The Rise of Cities and the Fall of Cars* (New York: Public Affairs, 2015), 138, 166.

28 Andrew Tangel and Josh Dawsey, "At Times Square, Fewer Traffic Injuries," *Wall Street Journal*, New York, August 25, 2015.

29 Times Square Alliance, personal communication. (http:// www.timessquarenyc.org/)

30 Ibid.

31 Ibid.

32 Police Commissioner William J. Bratton, "Policing 'Awful but Lawful' Times Square Panhandling," *Wall Street Journal,* New York, September 5–6, 2015, p. A11.

9　利用城市公共空间，塑造城市生活

1 Todd Longstaffe-Gowan, author of *The London Square: Gardens in the Midst of Town* (New Haven, Ct.: Yale University Press, 2012), writes that he does not subscribe to the common belief that there are over six hundred squares in Greater London. See 13–15.

2 Todd Longstaffe-Gowan, author of *The London Square: Gardens in the Midst of Town* (New Haven, Ct.: Yale University Press, 2012), 219.

3 Robert Thorne, *Covent Garden Market: Its History and Restoration* (London: The Architectural Press, 1980), 2–5.

4 Steen Eiler Rasmussen, *London: The Unique City* (Cambridge, Mass.: MIT Press, 1967), 166.

5 For further discussion of the business aspects of long-term leases in use in London, see Rasmussen, *London*, 191–195, and John Summerson, Georgian London (London: Barrie & Jenkins, 1988), 51–56.

6 Summerson, *Georgian London*, 80–81; Longstaffe-Gowan, *London Square*, 50–53.

7 London Parks and Gardens Trust, *Open Gardens Squares Weekend* (London: National Trust, 2013), 56.

8 Longstaffe-Gowan, *London Square*, 76, 159–161.

9 Charles Dickens, "Leicester Square," Household Words, London, 1958, 67.

10 Longstaffe-Gowan, *London Square,* 161–163.

11 http://minneapolisparks.org/.

12 Peter Harnick, 2014 *City Parks Facts* (Washington, D.C., The Trust for Public Land).

13 Alexander Garvin, *The American City: What Works, What Doesn't*, 3rd ed. (New York, McGraw-Hill Education, 2013), 75–78.

14 Harnick, 2014 *City Parks Facts*.

15 Theodore Wirth, *Minneapolis Park System* 1883–1944 (Minneapolis: Minneapolis Board of Park Commissioners, 1945), 19.

16 Parkscore.tpl.org.

17 Minneapolis Park and Recreation Board, https://www. minneapolisparks.org/.

18 H. W. S. Cleveland, "Suggestions for a System of Parks and Parkways for the City of Minneapolis," reproduced in Wirth, *Minneapolis Park System*, 28–34.

19 Frederick Law Olmsted, "Letter to the Park Commissioners of Minneapolis," reproduced in Wirth, *Minneapolis Park System*, 34–39.

20 American College of Sports Medicine. Actively Moving America to Better Health: Health and Community Fitness Status of the 50 Largest Metropolitan Areas. 2014. http:// americanfitnessindex.org/docs/reports/ acsm_2014AFI_ report_final.pdf.

21 Michael Kimmelman, "In Madrid's Heart, Park Blooms Where a Freeway Once Blighted," *New York Times*, December 26, 2011.

22 Ibid.

23 "The Last Time I Saw Paris," from the film *Lady Be Good* (1941), music by Jerome Kern, lyrics by Oscar HammersteinII.

10　打造 21 世纪的城市公共空间

1 Le Corbusier, *When The Cathedrals Were White* (New York: McGraw-Hill Book Company, 1964), 45.

2 Patrice de Moncan, *Les Grand Boulevards de Paris de la Bastille a la Madeleine* (Paris: Les Editions du Mecene,1997), 134–135.

3 http://www.placedelarepublique.paris.fr/.

4 Tim Waterman, "At Liberty," *Landscape Architecture Magazine*, April, 2014, 114–126.

5 http://houstorian.wordpress.com/old-houston-maps/.

6 Bob Ethington, director of research and economic development, "The Boulevard" project liaison, Uptown Houston District, personal communication.

7 http://www.uptown-houston.com/images/uploads/FactBook.pdf.

8 Samuel I. Schwartz with William Rosen, *Street Smart: The Rise of Cities and the Fall of Cars* (New York: Public Affairs, 2015), 171.

9 http://www.houstontx.gov/planning/Demographics/Loop610Website/index.html.

10 Lisa Gray, "The Galleria," in *Hines* (Bainbridge Island: Fenwick, 2007), 67.

11 Ibid., 68.

12 Carla C. Sobala (compiler), *Houston Today* (Washington, D.C.: Urban Land Institute, 1974), 105.

13 http://www.simon.com/mall/the-galleria/about.

14 Stephen Fox, *Houston Architectural Guide* (Houston: The American Institute of Architects/Houston Chapter and Herring Press), 1990, 233.

15 Urban Land Institute Editorial Staff, *Houston Metropolitan Area... Today 1982* (Washington, D.C.: Urban Land Institute, 1982), 63–64.

16 Interview with John Breeding, Uptown Houston District president and Uptown TIRZ/UDA administrator, August 22, 2014.

17 City Post Oak Association was a volunteer group that eventually became the Uptown Houston District, alegally established government entity. http://www.uptown-houston.com/images/uploads/FactBook.pdf.

18 Interview with Bob Ethington, director of research and economic development, Uptown Houston District,

August 27, 2014.

19 Ibid.

20 Alex Garvin & Associates, Inc., *The BeltLine Emerald Necklace: Atlanta's New Public Realm* (New York: Trust for Public Land, 2004), 22–28; Atlanta BeltLine, Inc., Annual Report 2012 (Atlanta, 2013), 29; The Atlanta Belt-Line 2030 Strategic Implementation Plan Draft Final Report (Atlanta, August 7, 2013).

21 As of 2015: Of the 33 miles of planned trails, 6.75 miles (18%) have been completed and 13.5 miles have beendesigned. Of the 1,300 acres of additional green space, 202 acres (16%) had been designed and created.

22 http://www.tpl.org.

23 Garvin & Associates, *BeltLine Emerald Necklace*, 32–45.

24 Atlanta BeltLine, Inc., Atlanta BeltLine 2030 Strategic Implementation Plan Draft Final Report, 71.

25 Waterfront Toronto, The New Blue Edge: Revitalizing Our Waterfront for Everyone (Toronto, undated).

26 http://www.harbourfrontcentre.com/whoweare/history.cfm.

27 City of Toronto, Our Toronto Waterfront: The Wave of the Future! (November 1999); Our Toronto Waterfront: Gateway to the New Canada [aka Waterfront Task Force Report or Fung Report] (March 2000).

28 http://www.friendsofcorktowncommon.com/sample-page/about-the-park/.

29 City of Toronto, The Toronto Waterfront Scan and Environmental Improvement Strategy Study (Toronto, March 2003).

30 http://www.waterfrontoronto.ca/explore_projects2/east_bayfront/canadas_sugar_beach, 08.16.2014.

31 http://west8.com/projects/toronto_central_waterfront/.

32 Christopher Glaisek, personal communication, January 10, 2015.

巴黎，共和国广场（2014年）
（亚历山大·加文　摄）

致 谢

1961 年，我阅读了简·雅各布斯（Jane Jacobs）的著作《美国大城市的死与生》，她提到："城市是一个巨大的实验室，有试验也有错误，有失败也有成功。"[1] 自此，我遵循她的足迹，探索"现实中城市建设的成功与失败"。我是一位坚定的经验主义者，本书的论述基于个人的亲身实践，与此同时，本书的编写受到三位著名思想家的深刻影响，他们是埃德蒙·培根（Edmund Bacon）、弗雷德里克·劳·奥姆斯特德（Frederick Law Olmsted）和皮埃尔·皮翁（Pierre Pinon）。

20 年前，我遇到了埃德蒙·培根（Edmund Bacon）（1949 年至 1970 年，费城城市规划委员会执行董事，"现代费城之父"）。从我出版第一本书《美国城市：有效和无用》，直至 2005 年埃德蒙·培根去世，我每年前往费城看望培根先生五六次。我们漫步于城市街道，他向我阐释有关城市规划的思想和理念，包括城市规划者应当如何思考。从那时起，我认为，公共空间对城市的发展至关重要。然而，在培根先生看来，它们不仅重要，更是城市规划的基石。正如前言中描述的那样，我在毕尔巴鄂"顿悟"了，与其说是"顿悟"，不如说是"证实"——我在毕尔巴鄂的观光游览过程中验证了培根先生的观点，他曾经明确表示"伟大的城市基于优秀的公共空间"。

奥姆斯特德始终对我影响颇深。从小到大，我的成长环境就是纽约市中央公园的街道，而这个街道是奥姆斯特德与卡尔弗特·沃克斯（Calvert Vaux）合作建造的。正如第 4 章所述，我像一个蹒跚学步的孩子，穿梭于城市的公共空间。70 多年来，我致力于观察和研究中央公园为什么是世界上最著名的城市公共空间，并且阅读了奥姆斯特德先生撰写的所有文章（共九卷以及两篇补充文本）。[2] 我总结出奥姆斯特德先生针对城市公共空间的两大观点。首先，人与大自然是不可

---

1 Jane Jacobs, *The Death and Life of Great American Cities* (New York: Random House, 1961), 6.

2 Charles E. Beveridge et al. (ed.), *The Papers of Frederick Law Olmsted*, Volumes I–IX and Supplementary Series(Baltimore: The Johns Hopkins Press).

分割的，这种不可分割的关系不断发展，人的行为对景观造成影响，而景观也无时无刻不在影响着人们的生活。因此，城市公共空间的设计、开发、维护和管理应当充分考虑"人与大自然的互动"。其次，城市公共空间堪称社会体系和民主制度的摇篮。

其实人们对城市、郊区或乡村中的景观及其发展和演变过程并不十分了解。自幼年时期，我便喜欢研究所到之处的历史渊源。我在编写《规划游戏》的过程中，无意中发现了建筑师兼历史学家皮埃尔·皮翁（Pierre Pinon）撰写的《奥斯曼巴黎地图集》。[3] 这本书让我大开眼界，无数巴黎城市规划的参与者对巴黎的城市改造与提升做出了尝试，虽然很多人的变革未能如愿以偿，却激发了后来的一系列举措，在这方面也是成功的。更重要的是，皮翁通过地图、图纸和照片展示了巴黎的城市规划，并且将这种经验运用于其他城市，进行了拓展性的探索，为后人留下了值得借鉴的资料。我在编写本书的过程中参阅了皮翁大量的研究成果，不仅涉及巴黎的城市规划，还基于不同的城市、不同的城市居民，对未来的城市规划趋势提出了构想。

本书的编写极大归功于这些先驱们的研究成果。此外，我的朋友们在此过程中提供了大力的支持和帮助。感谢我的朋友、学生兼著作经纪人亚瑟·科里班诺夫（Arthur Klebanoff），他鼓励我在逆境中不断前行。

本书的很多内容非常有趣，是我的亲身观察与体验。在这方面，我受到我的朋友瑞克·鲁宾斯（Rick Rubens）的启发。他一贯主张仅陈述事实是不够的，作者应当融入自己的所见所闻。

我最崇拜的作家是 F·斯科特·菲茨杰拉德（F. Scott Fitzgerald）。我希望像 F·斯科特·菲茨杰拉德那样，带给读者无穷的启发，希望我的作品令读者回味无穷，哪怕做到 F·斯科特·菲茨杰拉德的 1% 也是值得的。大作家欧内斯特·米勒·海明威（Ernest Miller Hemingway）和托马斯·沃尔夫（Thomas Wolfe）都曾受益于一位伟大的编辑麦克斯韦·帕金斯（Maxwell Perkins）。我非常幸运，也得到了很多编辑的帮助，比如南希·格林（Nancy Green）、大卫·卡罗尔（David Carrol）和希瑟·波伊尔（Heather Boyer）。尤其是希瑟·波伊尔，她提出了很多极具前瞻性的建议，并且和岛屿出版社的整个团队，特别是本书的策划编辑米兰·博兹奇（Milan Bozic）一同帮助我完成了这部我自己十分满意且备受读者欢迎的作品。

---

3 Pierre Pinon, *Atlas du Paris haussmannien: La ville en heritage du Second Empire a nos jours* (Paris: Editions Parigramme,2002).

本书的顺利问世得益于两个人：我的助手 J·D·萨加斯图梅（J. D. Sagastume）和欧文·豪利特（Owen Howlett），萨加斯图梅逐字阅读了多版文本，校正错误，质疑观点，确认事实，展开激烈的辩论，与我逐句讨论。书中的 252 幅插图和文本同样重要，在此感谢欧文·豪利特，他绘制了大量地图，并且调整了约书亚·普莱斯（Joshua Price）、赖安·萨尔瓦托（Ryan Salvatore）和科尔特斯·克洛斯比（Cortes Crosby）的初始草图。再加上 26 张历史图片、两张效果图以及 191 张我拍摄的照片，书中 33 张地图准确、生动地传达了本书的立意。

赖安·萨尔瓦托针对本书的初稿提出了建议。大卫·弗雷兰（David Freeland）参与了萨拉曼卡市长广场和时代广场的相关讨论。鲍勃·埃辛顿（Bob Ethington）和我一同前往休斯敦上城，并且帮助我更加深入地了解橡树大道。克里斯·格莱斯克（Chris Glaisek）向我推荐了多伦多滨水区，带我参加了很多调研活动，并且对本书进行了校正。丹·比德曼（Dan Biederman）多年来一直指导我进行第三十四街和布莱恩特公园的商业区改造设计，与我多次讨论，并且提出很多有趣的论断。里贾纳·迈尔（Regina Myer）带我步行游览了布鲁克林大桥公园，为本书的编写贡献了一份力量。

最后，非常感谢为本书倾注心血的其他人士：安迪·阿哈拉瓦（Antti Ahlava），卡洛琳·亚当斯（Carolyn Adams）和约翰·梅格斯（John Meigs），莱斯利·贝勒（Leslie Beller），道格·布隆斯基（Doug Blonsky），大卫·布朗利（David Brownlee），里奇·伯德特（Ricky Burdett），特里·法雷尔（Terry Farrell），特雷弗·加德纳（Trevor Gardner），迈克尔·格拉夫（Michael Graf），肯·格林伯格（Ken Greenberg），大卫·霍尔托姆（David Haltom），艾萨克·卡利斯瓦特（Isaac Kalisvaart），保罗·凯利（Paul Kelly），马克斯·缪西肯（Max Musicant），赫尔曼·佩特格罗夫（Herman Pettegrove），亚历克·普尔夫斯（Alec Purves），海伍德·桑德斯（Heywood Sanders），珍妮特·萨迪克－汗（Janette Sadik-Khan），詹姆斯·桑塔纳（James Santana），吉姆·施罗德（Jim Schroder），山姆·施瓦兹（Sam Schwartz），阿方索·维加拉（Alfonso Vergara），罗德尼·尤德（Rodney Yoder）和奥尔加·齐诺维耶娃（Olga Zinovieva）等。

亚历山大·加文

图书在版编目（CIP）数据

如何造就一座伟大的城市：城市公共空间营造 /
（美）亚历山大·加文著；胡一可，于博，苑馨宇译．——
南京：江苏凤凰科学技术出版社，2020.7
　ISBN 978-7-5713-1010-3

　Ⅰ．①如… Ⅱ．①亚… ②胡… ③于… ④苑… Ⅲ．
①城市空间－公共空间－空间规划－研究 Ⅳ．
① TU984.11

中国版本图书馆 CIP 数据核字 (2020) 第 037514 号

江苏省版权局著作权合同登记号：10-2017-381
Copyright©2016 Alexander Garvin
Published by arrangement with Island Press through Bardon-Chinese Media Agency

如何造就一座伟大的城市 城市公共空间营造

著　　　者	[美] 亚历山大·加文	
译　　　者	胡一可 于 博 苑馨宇	
校　　　对	秦颖源	
项 目 策 划	凤凰空间 / 张晓菲 杨 琦	
责 任 编 辑	赵 研 刘屹立	
特 约 编 辑	张晓菲 杨 琦	

出 版 发 行	江苏凤凰科学技术出版社
出版社地址	南京市湖南路 1 号 A 楼，邮编：210009
出版社网址	http://www.pspress.cn
总 经 销	天津凤凰空间文化传媒有限公司
总经销网址	http://www.ifengspace.cn
印　　　刷	北京博海升彩色印刷有限公司

开　　　本	787 mm×1 092 mm　1/16
印　　　张	20
版　　　次	2020 年 7 月第 1 版
印　　　次	2024 年 10 月第 2 次印刷

标 准 书 号	ISBN 978-7-5713-1010-3
定　　　价	198.00 元

图书如有印装质量问题，可随时向销售部调换（电话：022-87893668）。